U0039216

未來趨勢學習 99

讓孩子盡情失敗吧！懂得放手，才能讓孩子獨立又堅強

子どもには、どんどん失敗させなさい

水野達朗　著
星養步見　繪
黃薇嬪、鍾雅茜　譯

高寶書版集團

目錄
CONTENTS

目錄
CONTENTS

第四章 孩子變得愛念書，只要父母一句話

第五章
家長與孩子之間的重要小習慣

前言

我擔任家庭教育顧問已經十五年。每天收到來自日本全國各地家長的電子郵件或電話，詢問孩童教養相關的煩惱，而我的工作就是提供他們建議。

這些諮詢內容形形色色，不過幼兒園、幼稚園、小學生家長的煩惱大致上可分為「父母的不安」與「對孩子的不滿」這兩大類。

「父母的不安」是指家長雖然有心好好教育小孩，卻也懷疑自己能否做到。日常管教小孩時，看到自家孩子不好好念書，看到他應該去洗澡卻只顧著看電視傻笑，看著他們與朋友交惡，看到他們因為一點小挫折就優柔寡斷，看到他們不情願或拒絕去上學……

遇到父母不說就不會主動的孩子時，身為家長的自己這樣處理妥當嗎？自己的想法是否有錯？自己對小孩的教育是否失敗？——你是否也有諸如此類的煩惱？

如果要打比方，家長的不安就像汪洋中的一條船。

如果這條船已經有確切的前進方向，就能夠一邊欣賞眼前廣闊海景與美麗天空，胸口吸滿清爽海風，享受此刻這瞬間才能看到的景色與體驗，優哉游哉地樂在航海。倘若這條船看不到指引的燈塔，用來判斷前進方向的指南針也壞了，即使同樣是汪洋中的一條船，面對廣闊深海只會感受到難以形容的恐懼，甚至連藍天和海風都會讓人沮喪。

為了減輕家長的不安，我認為現在重新檢查「教育孩子的燈塔與指南針」很重要。這麼一來就算狂風暴雨來襲，只要徹頭徹尾學會操控船的方式，不安也會跟著減少。

接下來我要說明「對孩子的不滿」。

沒有哪個家長早上醒來時會想著：「好，我今天要刁難孩子。」反倒是想著「我今天絕對要冷靜面對孩子」的家長才是大多數。但是，才這麼決定不到三十分鐘……

「快點給我滾下床！」「快去吃早餐！」

「我是不是說了昨天就應該檢查今天要上哪些課？」

「刷牙了嗎？」「喂，看看時間，要遲到了！」

「今天會下雨，記得帶傘！」「你為什麼老是這樣？」

諸如此類，原本信誓旦旦要保持冷靜的想法早已隨風而逝，沒錯吧？對孩子的不滿在「學會」、「認識」教育孩子的原理之後，就能夠消除。看到我這麼寫，你或許會覺得聽起來有點困難，別擔心，本書盡量避免像兒童教育專家那樣寫得學術又難懂。身為一位每天聆聽教育孩子煩惱與困擾的協助者，筆者想要告訴各位如何培養出充滿自信、不會因為一點打擊就灰心喪志的孩子。

我前面提到，對於教育小孩感到棘手的家長分為「父母會不安」與「對孩子有不滿」這兩大類，他們都具有一個特徵，就是**孩子的失敗會變成家長自己的壓力**。一看到孩子失敗，家長就會焦慮煩躁，為了避免失敗就動手打罵孩子，結果演變成過度保護與過度干涉的狀態。而孩子因為老是有父母幫忙，鮮少體驗失敗，因而無法培養出從失敗重新站起來的堅強與能屈能伸的心靈，或者演變成惡性循環，因家長指責自己的失敗而失去自信或挑戰精神，如此一來，難怪孩子的個性變得消極膽怯，要求他們凡事充滿幹勁、積極爭取就變得很殘酷。

如果你希望自己的孩子在急劇變化的時代裡，無論處於任何環境都能夠永保自信、獨立自主的話，**請儘管放手讓孩子去體驗失敗吧**。家長或許需要鼓起勇氣才願意讓孩子去面對失敗，不過只要讀完這本書，各位一定就能明白我為什麼要這麼說。

本書是寫給家裡有小學生的家長們，因為我認為孩子的個性與心理基礎的建設要在十二歲之前完成。

所以我的範例等等是從想像教育小學生的場景中寫成。不過本書的主題——培養獨立自信的孩子——不只是寫給家有小學生的父母，家裡有正在念幼兒園或幼稚園的家長也該看看。愈早知道這些，便能愈早看到效果。

本書內容並非是教導、培養孩子成為精英的方法。但我認為精英是懂得去做「理所當然」事情的人。培養出能自然而然地做理所當然事情的孩子，不也是家長的重要任務嗎？我希望讀者在這個前提下教育出個性耀眼的孩子。

孩子們未來生存的社會，肯定不再有「年資老的先升官」、「終身僱用」、「學歷神話」等環境。AI人工智慧大幅發展下，工作方式與公司的存在也都會跟著改變。現在看來有發展性又穩定的職業，在未來也不一定仍然有發展。因此我覺得現在的家長必須配合今後的社會生存方式，從不合時宜的老舊育兒觀念，更新成適合未來形式的新育兒觀念。

不管今後的環境將會如何改變，都會希望自家的孩子都能夠堅強、充滿希望地幸福生活，為了做到這一點，身為父母的我們能夠做些什麼？本書的宗旨即在提供各位好的建議，希望在教育小孩上吃盡苦頭的家長們能更輕鬆，並提供實用的育兒想法給想要比過去更積極正面教育孩子的家長們。

首先想請大家思考一個問題：「你想要教出什麼樣的孩子？」

各位對於這個問題有什麼樣的答案？請先想好答案，接著翻開下一頁往下讀吧。

第一章

你想要教出什麼樣的孩子？

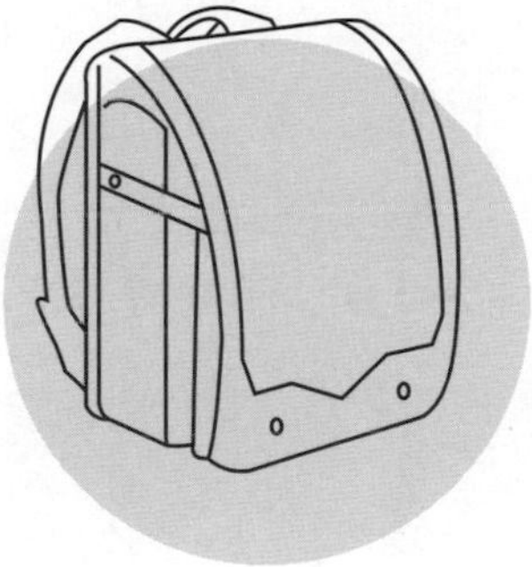

教養孩子的終極目標是什麼？

各位教育孩子的目的是什麼呢？為了教出會讀書的孩子？為了教出運動全才的孩子？或者是希望自己的孩子人人都愛、朋友很多？第一次擁抱自己小小的孩子時，我相信你一定想像過各式各樣的未來。

然而開始養起小孩，原本的生活就大幅改變了。不只是嬰兒期如此，小孩上小學的階段也是如此。

每天忙著顧小孩，不知不覺中光是眼前的事情就焦頭爛額，往往忘記應該做到的目標，這也是無可厚非。

難得有這機會，就先在這個有很多孩子可以當目標範本的時代裡，告訴所有家長適合的終極目標。

養小孩的終極目標毫無疑問就是「即使你明天死去，你的小孩還是能夠獨自活下

去」。

你現在對小孩的教育方式，真的能夠養出這樣的孩子嗎？

一聽到父母不在仍然能夠自立，很多人便以為這樣的孩子僅是凡事都能夠自己來而已，但我認為在遇到困難時懂得依賴別人幫助，這也是孩子獨立上很重要的資質。趁著父母親還活著，好好培養疼愛的子女「自行判斷並行動的能力」、「無論任何環境皆可適應的能力」、「遇到困難懂得依賴他人的能力」，算是符合終極目標的孩子養育方法，不是嗎？

為了達成這樣遠大的目標，各位需要的是「更新育兒觀念」。不管你的電腦用多高級的硬體，如果裡面裝的作業系統太老舊，也沒有意義。我希望透過這本書更新各位的育兒觀念，希望各位即使在親子溝通上遭遇狂風暴雨，也能夠朝著育兒終極目標這座燈塔，堅定地面對每日的育兒生活。

你是否養出與柯南完全相反的孩子？

各位是否聽說過三方自立這一說詞？

也就是在身體上、精神上，以及經濟上的獨立。

身體上的獨立，簡言之就是要能自己起床、自己吃飯、自己去廁所、可以自己一個人睡。

身體獨立問題在育兒輔導時，儘管並沒有被忽略，不過近年來也有小學六年級生因為家長過度保護，上了小學卻無法一個人去上廁所，或是媽媽不叫就無法起床。這也是一大問題，不過家長在育兒上必須牢記的是接下來要說的精神獨立。

精神上獨立的狀態是指，即使沒有父母親的指示，也能夠自主決定該採取行動的能力，或是了解自己喜歡或不喜歡哪些事物，以自己的方式走自己的人生，擁有選擇後活下去的能力。

能夠做到精神上的獨立，出社會後就能夠在經濟上自立、賺錢過生活。

令人驚訝的是，在育兒支援現場可以看到很多「我家小孩無法自己決定自己的事情，他如果去上小學，我很擔心」，或是「只要我一不在，這孩子就算是與朋友也無法說話」等缺乏精神自立的孩子。造成這種狀況，我不得不說出原因就在於家長對待孩子的方式有了錯誤。

家長否定孩子的自主性，想要將孩子置於自己的主導下，老是否定孩子；只要孩子的言行與你所想的不同，你就會情緒化地破口大罵。有些家長說：「不不，我沒有做那種事！」這種家長尤其會在無意間表現出前述的態度。

這種家長在孩子的心靈上烙下「父母所說的才是正確，我是個什麼都不會的人」的咒語。這類孩子中，有些案例是會看父母的臉色行動，在團體中太在意他人目光而搞得自己很痛苦，結果某天就突然像開關壞了一樣動彈不得。

請想像一下，無法做到精神獨立，只有身體長大的孩子會是什麼模樣。

有的孩子，他們開始長鬍子，身高和體重也超過父親了，內在的精神層面卻只有小學低年級的程度。「外表看似大人，內心卻是小孩」，根本是柯南的相反版本。

孩子在吃東西吃得很美味時都能打造「自主體驗基礎」的成長，而家長若能讓孩子多累積這方面的經驗，便能夠將孩子導向精神自立之路。

能夠存活的不是最強也不是最聰明的人，而是懂得因應變化的人

孩子長大即使是從一流大學畢業，有些做了三個月的社會新鮮人就辭職回家窩著，不肯出去工作，這些令人傷感的案例比比皆是。這類社會新鮮人辭職的原因，比起薪水等的待遇問題，有更多是因為人際關係或工作不習慣而壓力過大。近年來我們可看到愈來愈多這種無法適應新環境、新人際關係的年輕人。

事實上，在我擔任專業諮詢解決拒絕上學的孩童個案中，也遇上同樣的情況。我想或許有人認為拒絕上學的原因多半是霸凌，但純粹因霸凌而拒絕上學的孩子其實只佔少數，倒不如說有更多情況是因為霸凌以外的因素，例如：無法適應新環境、新人際關係等，所以拒絕去學校。

因為小學與國中環境的差異，以及青春期特有的人際關係，導致國一生拒絕上學的人數激增。這種現象就是一般熟知的「國一斷層」。國一斷層現象可說是無法順利適應環境的教養問題。

我重視這類環境適應力，因為我認為這是在今後社會存活所需的能力之一。從生物演化論的角度來看，現在能夠存活在世界上的物種，也是因為適應各式各樣的環境變化才得以生存。相反地，無法適應環境的物種就會滅絕。

我們身為家長總是希望孩子過得幸福。既然如此，**培養孩子無論在什麼樣的環境都能夠活出自我，能找到自己的容身之所，能夠發揮能力，活得幸福**，這不正是教養小孩的用意嗎？

希望孩子會讀書而致力於敦促孩子學習，即使孩子念的是東大，也有人出社會遭遇挫折就逃回家。希望孩子很會運動，所以從小就讓孩子加入體育社團熱衷於運動，這樣的孩子也有可能某天就突然拒絕上學。

為什麼會變成這樣？這都是因為家長沒有培養孩子適應環境的能力。別滿腦子只曉得叫孩子念書、運動，今後時代的孩子教育中更需要培養的是環境適應的能力。

請更新育兒觀念

網路拉近了世界的距離，連接全球的現代化觀念，大一統的幸福典範已經不存在。尤其是近年來社會的變化，也在孩子的教育上帶來很大的影響。

網路上也充塞著各式各樣的育兒資訊，這些資訊是真是假也無從得知，頂多算是個人經驗談的普及化資訊，若套用在自己的育兒做法上，有時反而會增加育兒上的不安。

不管社會如何改變，父母總是希望孩子能夠幸福，這一點不會改變。儘管如此，育兒的技法（手法）與心理（思考方式）必須配合時代與環境的變化而改變。

前幾天，新聞報導二〇二五年世界博覽會（萬國博覽會）的主辦地確定在大阪，主題是「閃耀生命的未來社會藍圖」。

我身為大阪居民，也很雀躍期待將會出現什麼樣的未來科技。在這樣的大阪萬國博覽會上，如果還展示與上次相同的「月球隕石」還是「無線電話」，有誰會期待去看？

育兒觀念不更新，就像拿月球隕石和無線電話當作這屆萬國博覽會的展示重點，以為能夠吸引客人上門一樣，這種想法十分令人絕望。

家庭教育方法與心態上若不配合時代的劇烈轉變，保持陳腔濫調的話，將會逐漸不適用。

一般都說教育的三大重點就是學校教育、地方教育，以及家庭教育。我感覺現狀是「學校教育改變了，家庭教育卻沒變」。

學校教育會配合時代變化，每十年修正一次學習指導綱領，變更課程內容與教育方法。

最近新聞中提到的程式設計教育、因應全球化而降低英語教育受教年齡、自我主動深入學習思考的上課方式等等，都在配合社會變化與需求而改變，這些各位也聽說過了吧？

過去幾乎都是老師拿著粉筆在黑板上單方面教學的團體授教方式，最近的主流變成孩子們互相討論，主動彼此學習的形式。

儘管如此，我認為家庭教育的手法上，仍稱不上符合未來社會的需求。

舉例來說，你在小時候到別人面前做出怪動作來搞笑，爸媽是否會對你說「別在眾人面前做那種事，很丟臉」？

但是，如果你的父母考慮到未來，能夠預先看出時代潮流是「這孩子敢於一個人到別人面前搞笑或做怪動作，今後可以從事影音串流服務的工作」，就會稱讚你的舉動並幫助你更進一步精進了吧。這麼一來，你早就成為年收入上千萬的網路紅人，此刻過著心滿意足的生活了。

我們要試著想像孩子生存的未來。

過去別人說不行的育兒方式，只要家長認為是今後社會需要的能力，就有可能拓展孩子的可能性。玩樂時間也用來念書，只要考上一流大學、進入一流公司就會有幸福——現今這個時代，家長需要更新這種價值觀了。

不會改變的，就是希望孩子獨立、幸福的父母心。

必須改變的，就是配合時代的教養孩子方式。

這也是相關教育人士彼此在爭辯的「常態與流行」課題。這在學校教育和家庭教育都是重要的思考議題。我認為每天面對育兒話題時，家長別忘了祈求孩子能夠在變動劇烈的時代堅強有力地活下去。

・家長很完美
・教育小孩不靠別人
更新
・家長不完美
・接受他人協助教育小孩（學校、地方、親友、專業諮詢）
協助者

那是老師應該做的？還是家長應該做的？

前面提到過學校教育的改變與家庭教育的不變，本節繼續深入討論這個話題。

有家長找我諮詢時，我曾經感覺「這有點奇怪」。

諮詢的內容是：「自從給小孩智慧型手機，他就變得愈來愈晚睡。老師也請我多注意孩子，但孩子還是屢勸不聽。我希望學校也能夠嚴正看待這個問題。」

我明白家長的煩惱，但給孩子智慧型手機的人是家長，而且孩子熬夜的場所是在家裡又不是學校，要求老師處理這個問題未免不合理。

我覺得「奇怪」的地方是，日本進入平成時代（一九八九－二〇一九年）以來，教育責任的分攤就變得莫名其妙。

家長把「家庭教育該做好才能有效」的育兒工作全部丟給學校，這種情況可說是因為民眾對教育責任分攤的理解沒有同步跟上。隨著平成時代結束，新時代揭幕，我們此刻應該先冷靜下來，好好思考教育責任的分攤制。

教師工作的本份是授課，也就是教導學科知識。但是，在教導該學科之前，多數教師把精力和時間花費在說服學生「遵守秩序」、「聽老師的話」、「別自作主張行動」等事情上。原本主要負責前面這些管教的應該是家庭教育。**在家裡沒有學會秩序重要性的孩子、不曾因為守規矩而被稱讚或不守規矩而被罵的孩子，就不可能遵守更複雜的學校規矩。**

孩子所謂的社交部分，當然需要學校教育輔助發展，但其根本還是在家庭教育。如果連根本都沒有，社交性要建立在哪裡？

奠定社交性與自立基礎的是家庭教育，幫助其發展的是學校教育。秉持這種想法，就能夠看出家長在育兒上必須負責的領域了。

你的根據是什麼？

近年來的日常對話中，常聽到「根據」這個詞出現。

在育兒輔導的世界裡也是，發表時會說：「在美國，研究結果證實對九成的孩子有效，某某學會也推薦，我們也納入輔導使用。」比起只說：「這樣做最好」，似乎更有說服力。

在輔導過程中，我也很重視有根據的處理手法。

問題是，並不是有證據就正確。原因在於根據很棘手，這個證據本身也隨著時代在改變。

類似例子列舉不完，隨著時代背景變遷，「原本認為正確的事情」也改變了。有關日光浴部分，本來是照媽媽手冊給的建議，後來也成自發性修正。

祖父、祖母想要讓孫子曬曬太陽，結果做父母的不答應而起爭執。哪一種做法才是正確，雙方皆以當時的媽媽手冊為根據，結果把孩子丟在一旁不管，演變成沒有意義的吵架。

《以前》		《現在》
嬰兒最好要做日光浴	→	嬰兒不建議做日光浴
乾布摩擦能夠預防感冒	→	對皮膚不好，因此最好別做
運動時不可以補充水份	→	運動中要適度補充水份
攝取膠原蛋白，肌膚就會水嫩有彈性	→	經胃消化破壞後不會吸收，攝取也沒有意義
小孩拒絕上學就在一旁靜靜守護等待	→	視情況積極著手協助

家庭教育尤其重視有根據的輔導，但根據本身也可能原本就偏頗或有錯誤，絕對不能完全信任。

以結果來說，我們不能停止思考，只看有無根據，自己必須更深入地思考。質疑根據也是育兒觀念的更新。

這麼一想，我認為家庭教育的燈塔就只剩下「家長的對應方式能夠將孩子導向自立」。

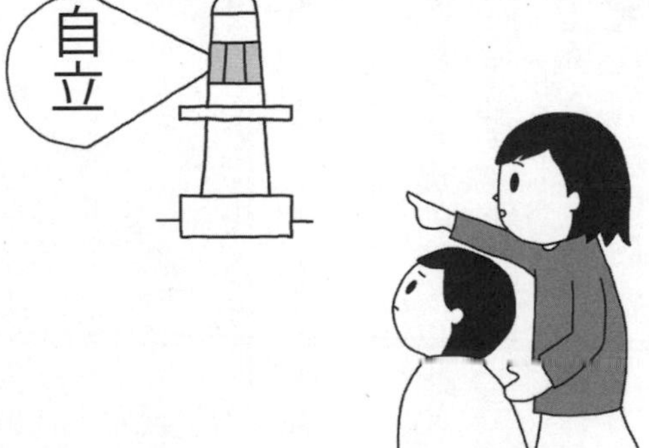

教育孩子也是教育家長，完美家長並不存在

你要當爸媽時，是否曾經去父母訓練中心上課、取得當爸媽的證照？

舉例來說，想要開車，必須先去駕訓班上課，通過性向測驗、學科測驗、拿著學習駕照上課，有了開車上路的經驗之後，終於才來到最後一關測驗，取得駕照。

在這過程中你會發現自己不擅長路邊停車，不過很會S形過彎，逐漸找出自己的適性。這些全部通過之後，就能夠順利拿到駕照。

但是，當爸媽沒有學校、訓練班或執照等東西。一開始教養小孩都是手忙腳亂，不可能有誰能做到完美。這世上不存在完美的父母。

不管是哪一種父母都應該會有情緒化的一面或缺點。我回想自己的情況也想起曾經有過對孩子太情緒化的時候。而且主要起因不是孩子，而是家庭以外的事情。

在育兒上來說，無論什麼樣的父母都不可能三百六十五天、一天二十四小時像便利商店一樣，以一定的品質對待孩子，有時也會出言傷害自己深愛的孩子。

問到是否犯下這種錯誤就不配為人父母的話，我的答案是NO。父母親不是神，也不是佛，而是有情緒的人類。

育兒也不是人生的全部，父母親只是在工作、人際關係、身體狀況等等，育兒之外的要素上，經歷了不愉快或是出現煩惱，這很正常。

人稱家庭教育專家的我也是一樣。倒不如說因為是專家，所以反而更深刻感受到自家的家庭教育有一定難度。

親子之間如果有穩固的互信關係與愛情，家長就會懂得反省，成長為更好的家長，而孩子也會有心去了解父母親這種態度。

從孩子誕生那一刻起，家長就肩負相當沉重且高貴的使命，但當父母的卻無法向任何人討教見解或手法等。當然也不可能取得當父母的資格證照、拿到父母認證。

能夠當作參考的，頂多只有自己是如何被養大的記憶。而且只要時代改變，自己曾經經歷的那些是否正確就成了未定且模糊的東西。

若是十多年前，在地的連結強韌，祖父祖母或許會組成育兒的輔導體系。問題是，近年來地緣、血緣關係淡薄，家長必須在孤獨中懷抱不安育兒，稱為「孤育」狀態。

別見外，儘管依靠身邊的人或專家，找人諮詢也很重要，不是嗎？

即使來到陌生的地方，參加兒童聚會的例行活動或慶典等，就能夠拓展交流的機會。

在那裡也有其他同樣煩惱的家長，你能夠與他們交換資訊，光是找到聽自己說話的對象，也能夠排解壓力。

我不是要你們改變態度變得嚴肅，不過因為有這樣的背景，所以**父母當然也會犯錯**。有時晚上也會對著孩子的睡臉哭著道歉吧。

可是我身為家長，認為**如果能夠持續反省，別再繼續那樣的惡劣態度，並且與孩子一同成長**，不也很好嗎？

再來就是別忘了最終目標。最重要的也就是父母必須趁著有生之年教會孩子，讓孩子在父母明天死後也能夠活下去。

只要沒有忘記這一點，教養小孩上的小失敗也只是皮肉之傷。

真相只有一個，解釋卻有無數種

本書宣揚的中心思想是「育兒觀念的更新」。

前面提過，從「父母必須完美」的觀念變成「父母並不完美」等也是其中一例。後面的章節也會提到，想法從「不靠別人，自行育兒」變成「依賴朋友、在地人、學校、專家，才是理所當然的育兒態度」，也是很重要的想法。

但是，很遺憾的是我看過不少例子都是家長在依賴其他人之前，就已精疲力盡。一看到這類例子，問題往往出在如何定義自家孩子，也就是對孩子的「育兒觀念」因應方式定義有誤。

這裡舉個簡單的例子說明因想法的轉變便能改變眼前的現實。

請想像一下：

在你面前有一個杯子，裝滿世界最美味的綜合果汁。你的鼻腔嗅到果實的香氣，口腔充滿香蕉與牛奶的味道，冰到透心涼之後也不失甘甜的南國水果味強烈通過你的喉嚨。

你一口氣喝下半杯不曾嚐過的美味綜合果汁。好了，接下來我要問你。看到剩下半杯的綜合果汁，你有什麼想法？

感想可分為以下兩種。

一種是「只剩下一半了」，另一種是「還剩下一半」。你是哪一種想法？

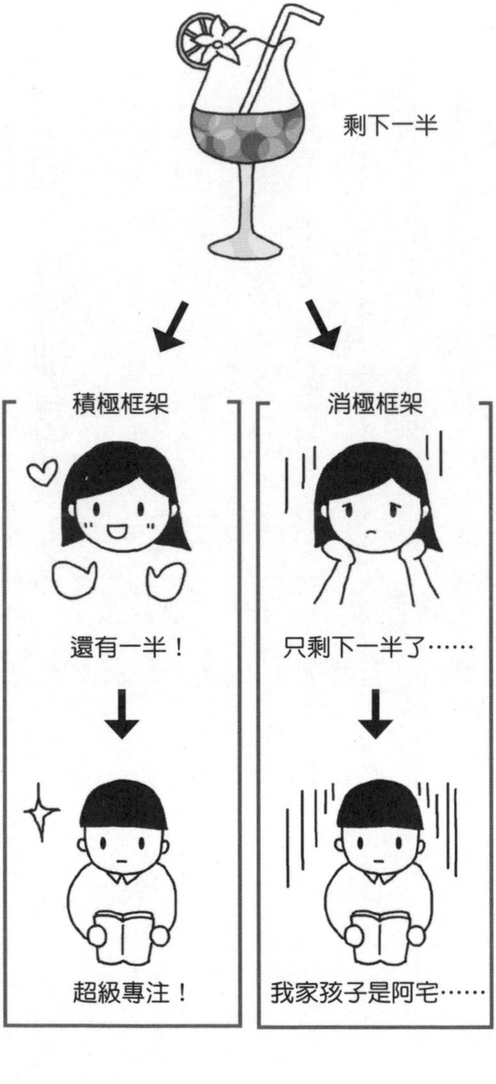

前者的「只剩下一半」是消極解釋事物的思考方式。相反地，後者則是對事物積極正面解釋的思考迴路。

比較這個時候的幸福感，想著：「那麼好喝的果汁還有一半！還能夠再度品嚐那美味，真是太棒了！」的後者感覺比較幸福。相反地，前者是先冒出不平不滿，比起已經擁有的，他的心更在乎沒有的。

回來看看教養小孩，我發現覺得教養小孩很倒楣的家長，多數是抱持前者的消極態度。

在教養小孩上，即使是積極正面的人也很容易受到消極框架影響。

我認為家長的心態必須將這個消極框架重新定義（改變解讀方式）為積極框架。

假如我當場再把你那半杯世界第一美味的綜合果汁裝滿，你還會感到幸福嗎？同樣的情況在教養小孩上，就像是改變孩子以滿足家長的不平不滿。

孩子始終無法變成家長想要的樣子，因此，首先**不是改變眼前的現實，而是改變解釋方式**。從這裡開始試試如何？

不排斥小學生的教養訣竅，不再試圖改變孩子，而是改變家長的解讀方式。

你的心靈眼鏡是什麼顏色的鏡片？

多數家長對於自家孩子的評價往往會很極端。

如果是不管怎麼說都很積極正面的也就算了，但也有在教養孩子上，令人覺得「沒必要那樣貶低孩子吧」的家長在。

各位是否也有這種經驗？看別人的孩子，總是能夠一眼發現對方的優點；一講到自家孩子，就只會注意到缺點。

我在心理輔導時，會協助家長改變這一類「認知」。例如：

〈消極想法〉		〈積極想法〉
阿宅	→	能夠專注在單一事物上很厲害
吃飯很慢	→	孩子吃飯時有仔細品嚐味道

自私又任性	→	這孩子有自己的主張、自己的秩序
優柔寡斷	→	這孩子能夠謹慎思考
神經質	→	注意到小細節的能力很強
小氣	→	節省

諸如此類。在輔導時，經過這麼一說，家長原本還在抱怨孩子，表情立刻豁然開朗，發現「也能這樣解釋！」心情變得正向陽光。

懂得不以消極的角度去定義眼前孩子的舉動，**改以積極的意思去看待解讀，親子關係就能夠正向發展，培養出孩子的自我肯定意識，進而成為生活的力量。**

如果看到有人戴上黑色太陽眼鏡，驚慌地說：「喂！這裡怎麼搞的?好黑！把燈打開啊！」你會是什麼心情呢？

一定會覺得：「開什麼燈，把你那個黑漆漆的太陽眼鏡拿下來啊！」是吧？

事實上改掉以消極的態度去教養小孩，就跟換掉黑色太陽眼鏡一樣。

與其說「開燈＝改變孩子」，不如說是「換掉黑色太陽眼鏡、換掉鏡片顏色＝家長改變看法解讀」，這樣比較好懂。

第二章

你是否具有毒害孩子的潛質？

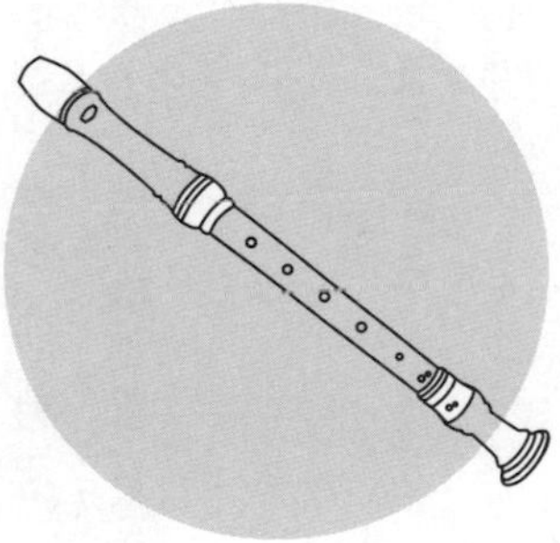

改變家長的育兒觀念比改變孩子更快更有效

我認為會讀本書的家長，都沒想過要養出缺乏自我肯定、缺乏符合年齡自立心態的孩子。多數父母不會想要養出這樣的孩子，可是結果都會變成那樣，這樣的現實狀況令人煩惱。

當然並非所有缺乏自信、無法自立的孩子都是受到父母的不良影響。孩子能被學校老師、在地社會連結、朋友關係啟發而有自立心，再透過各式各樣的經驗而建立起自信。本書主要表達的是，這其中影響自立與自信最深的還是家庭。

各位或許會覺得意外，但是小學生一年當中在學校度過的時間，不到總體時間的三成，因為他們週六、日不必上學，還有暑假、寒假、春節等林林總總的長假，孩子們有七成以上的時間都是在家裡或住處度過。

而在家裡與孩子們共度最長時間的人又是誰呢？

對，就是父母。

由此可知，既然與孩子相處時間最長的就是家長，那麼家長如何當一個家長，將會影響到孩子的未來。

各界呼籲家庭教育的重要性已經有一段時間，不過還是有很多家長沒有跟上時代更新自己的育兒觀念，甚至還有人不清楚育兒的終極目標是做到幫助孩子自立，而僅憑每天的感覺在教養孩子。

即使車上安裝性能再好的汽車導航，如果沒有設定目的地就沒有意義。同樣地，教養孩子的第一要務就是設定目的地。

想要替孩子建立自信時反而奪走了他們的自信，沒能夠引導他們自立反而使他們變得依賴，父母覺得很好的教養方式，有時最後導致這樣的結果。

本章將這樣的家長定義為「潛在的有毒父母」，希望喚起各位發現：「我或許也有這樣做」，有時以有毒父母的教養方式當作負面教材，盼望家長與孩子都能夠透過教養獲得幸福。

成為毒藥的父母、成為良藥的父母

帶給孩子不幸的家長稱為「有毒父母（毒親）」。

有毒父母不只是指放棄育兒的家長，還包括支配孩子、強迫孩子接受自己價值觀的家長。

有毒父母養育長大的孩子無法靠自己的想法做出決定，只會下意識地選擇父母滿意的行動。長大成年後，也只會根據父母建立的價值觀判斷好壞，無法做到精神上的自立，這樣的案例被看作是有問題。

另外，也有孩子沒能擺脫父母的精神支配，長大後陸續成為有毒父母的惡性循環案例。自己在壓抑且獨裁的父母身邊長大，因此無法忍受自己的小孩是言行舉止自由奔放的孩子，最後就變成過度干涉的父母。各位看了之後有什麼想法？

有毒父母的其中一個特徵，就是認為自己不是有毒父母。

也就是說這樣的父母往往沒有自覺，甚至還會認為他們教養孩子的方式很正確。他們以為自己動手替孩子做好做完、開口斥責孩子、避免孩子失敗，就是身為父母的職責所在。

他們對於孩子們的戀愛也經常指手畫腳。他們主張：「孩子的事情我最懂。我為了孩子的幸福可是這麼的努力啊！」

如此造成的結果卻是孩子無法自立，有些反而對父母更加依賴，相反地也有出現對父母強烈的反彈。

你是否也變成這種「有毒父母」了？

假如你沒有自覺，讀完本篇文章卻讓你自省：「我該不會也是……」的話，出版本書也就值得了。

教導孩子首先要有自覺，然後才去學習能教出孩子獨立自主的方法，重新審視每天的育兒辦法，這就是自我解讀的最快捷徑。

但是，教育子女的過程中往往容易陷入主觀意識。在育兒的領域裡，身為主體者的父母很難客觀審視自己的育兒方式。

正因為如此，可能不自覺就做出與「以愛之名給孩子幸福」完全相反的行為，還打著「我是為你好」的旗幟，沒注意到自己這樣做等於剝奪了孩子親自去體驗的機會。

孩子的人生是孩子的專屬品。家長只是協助他們建立自己的價值觀，在未來能夠活下去，直到某個時間點就要放手。我認為在精神上排斥孩子的離家獨立，一直以家長的價值觀支配孩子的父母，就是有毒父母。

毒是能夠解除的。電玩遊戲《勇者鬥惡龍》中就有一種稱為「基亞里」，具有解毒效果的魔法。這種治療咒是低階玩家就能學會的簡單魔法，而且 MP 消耗少。

現在請再次重新審視自己的育兒方式吧！

你本人是否會太重視並按照父母所說的話去生活，從小就是聽著「照我說的去做」、「那種小事不值得哭」、「別穿那麼紅的洋裝，穿那件藍色襯衫」……諸如此類的教導，壓抑自己的喜好與情緒的人？

首先要有自覺，重新審視，動手去改變，然後切斷有毒父母的連鎖效應，用治療咒先消除身上的毒。

父母親應抱持兩個世界觀

成為父母的意思就是從「自己是主角」的世界，變成「孩子是主角，我是配角」的角度。

自己是主角的世界可以按照自己的感覺行動，一邊與世界磨合，一邊追求幸福。但是，成為父母之後，不再是只有自己是主角這個世界觀，同時還多了孩子是主角的世界觀。

但是近年來我們經常可看到無法兼顧兩種世界觀，育兒方式失衡的家長。

大多數家長無法採用引導孩子自立的育兒方式，便是不具有這兩種世界觀，而只以「我是主角的世界觀」在教養小孩，或者是反而放棄「我是主角的世界觀」，只保留「孩子是主角的世界觀」養育小孩。

如果家長屬於前者，各位可以下面這個場景為例，思考看看。

家長與孩子一起看吉卜力的動畫電影，孩子很感動，雀躍地說：「我也想要飛行石！」或說：「龍貓會不會也來我家院子？」這時的家長並無法與孩子一起樂在其中，共享感動。

因為這種家長只有「我是主角的世界觀」，因此出現的反應會是「我已經知道接下來要演什麼了」或是「這世上才沒有龍貓存在」的念頭。因為他們已經在自己為主角的世界觀中體驗過這些，不會陪孩子一起進入孩子觀點的奇幻世界，也不會為此而感到雀躍。

如果是「孩子是主角，我是配角的世界觀」的家長，就會以第一次看到《天空之城》、《龍貓》而雙眼發光的孩子思考為主軸，也能夠**與孩子們共享感動與雀躍**。

看到家長陪孩子一起去博物館或美術館，卻一臉不感興趣地站在走廊上滑手機，我就會悲傷地心想：「這是不具備兩種世界觀的家長。」

相反地，只有後者的世界觀，沒有「我是主角的世界觀」，這樣的家長就會把孩子當成一切。因為孩子是自己的一切，孩子的成功也就是自己的一切，於是往往會把孩子按照自己的理想打造，或是強行干涉孩子的人生規劃。

即使我們成為了父母，也不必放棄「我是主角的世界觀」。

我希望家長能夠讓兩種世界觀在自己心中和平共存，以「孩子是主角，我是他的世界裡的配角」的身分陪孩子共度愉快時光。

成為嚴厲但孩子喜愛的父親

近年來不罵小孩的父親愈來愈多。

一般認為身為父母就是要時而斥責孩子，時而疼愛孩子，以前夫妻倆在不知不覺間就會分配好各自要扮演的角色。

但是最近幾年出現「親子關係像朋友」的說法，很多案例都是家長沒有表達明確的立場。比方說，有一位母親來找我諮詢這種情況。

「我家小孩很任性。我丈夫罵他也完全不奏效。」

「小孩和爸爸關係很好，爸爸不曾罵過他。」

「我老公是不罵小孩的人。」

我能夠理解媽媽們的憤慨。但是，只要稍微換個角度來看，就會發現在這種案例中，不是父親不罵孩子，而是「做母親的沒有給父親罵孩子的立場」。

舉例來說，母親當著孩子面前說些看不起父親的話，這樣父親就會失去立場。**只要母親懂得給予父親罵孩子的立場，孩子出現需要矯正的行為時，父親就能夠發揮力量**。

平時與孩子很親近，而且做母親的經常當著孩子面前數落父親，這樣的父親罵小孩當然效果不彰，你不認為嗎？

如果是夫妻兩人單獨溝通意見還無妨，但希望育兒方式發揮效果的話，就不可以當著孩子的面給負責罵小孩那個人難看。

因此，假設父親要擔任罵小孩的角色，平常母親和孩子的對話之中，建議像接下來的插圖漫畫一樣，提升父親的地位。

就像這樣，即使父親不在場也拉抬父親的立場，孩子就會比較願意聽父親的話。

插圖漫畫的對話中，如果母親只會說：「反正他會在外面喝酒喝到很晚才回來」之類的話，父親的價值就會在自己不明就理的時候暴跌，父親罵小孩時也就理所當然沒有太大效果。

在育兒過程，存在「父性」對應法與「母性」對應法。

母性對應法最具代表的作法，是以感同身受的態度表達自己也有共鳴，透過感性訴求以改變孩子的行為。

對孩子說「嗯，我懂你的不甘心」之類的話，便是母性對應法。

父性對應法是在遇到不合理的情況時開口阻止，或是採取直接的行動解決問題。

「不守規矩」或「別做會讓媽媽難過的事」等短短一兩句話就有很深的作用。這種對應接下來的行動是，有邏輯地對孩子說明罵他的理由，這也是父性對應法的範疇。

看看近年來的育兒環境就會發現，「嚴父慈母」的類型減少，「嚴父嚴母型」、「慈父慈母型」增加。這麼一來面對孩子的方式就只有「嚴厲」或「放縱」的其中一種。你家是什麼情況呢？

看情況使用嚴厲和慈愛的對應方式，處理孩子問題行為的方法也就增加了。父親在育兒過程中如果無法發揮功能，那些不平與矛盾就會轉移到母親身上，對於父親的抱怨也就更加沒完沒了。但是，我希望各位冷靜下來仔細想想。父親不罵孩子的理由，以及父親即使罵了孩子，孩子也不接受的原因。

另外，父親本身也必須記得自己不永遠都是「好爸爸」形象，有時也要當孩子覺得「礙眼」的角色。還有，我希望當父親的切忌過度情緒化「發脾氣」，而是冷靜考慮孩子的未來後再「斥責」。

我也聽過做父親的不想被孩子討厭，所以不想罵孩子。別擔心。**只要斥責方式正確，你在孩子心目中就會變成「嚴厲但最愛的爸爸」**。請放心。

換個說法，不罵孩子，讓孩子以為父親凡事以和為貴，這樣反而會讓孩子討厭。在父母罵孩子時，孩子也在測試父母的認真程度。

這裡有一點必須留意。就是當夫妻兩人對於育兒的看法沒有統一時——做母親的認為：「不可以打架，孩子應該在被捲入鬥爭之前逃走。」父親則說：「被打了就要還手。打架絕不能輸。」這種情況很常見吧？表達的方式不同，父母的意見就會變成命令。

在電腦上如果下指令「朝右邊左轉」、「喝冷熱水」、「一邊往上爬一邊往下跌」等，電腦會出錯。

最後孩子會一團亂。這種育兒方式一旦經常發生，孩子的精神層面就會變得不安定，也將無法適應複雜的學校社會。這種狀態在心理學上稱為「雙重束縛（Double Bind）」。

雙重束縛狀態持續下去的話，孩子就會變得在意父母的臉色，夾在「怎麼做才不會惹惱父母」、「自己的想法」之間進退不得。於是他們會恨父母，長大後也會造成影響。

在這類案例中，只要夫妻去做諮詢，統一兩人的管教方向，就能夠有效解除孩子的雙重束縛狀態。

教育要思及未來，而不光同情眼前的情況

假設孩子平常最愛的布偶不在老地方。

孩子此時問了母親：「媽，妳有看到我的布偶嗎？」其實母親早上打掃時有看到布偶掉在孩子房間的書桌底下。這種時候如果是你，你會怎麼做？

如果按照二〇二〇年起日本施行的「新學習指導要領」，以達成「培養生存能力」為重點目標的話，我建議家長這樣回答——「你的布偶？嗯，我今天沒看到。」即使知道也要假裝不知道。

別說「在書桌底下」、「你看，不就在這裡？所以我不是要你好好收拾嗎？」等等。

至於為什麼要這麼做，因為**母親立刻就給出正確答案的話，東西一搞丟，孩子立**

刻就會只想依賴父母，不會自己努力去找。

弄丟自己最愛的布偶時，煞費苦心地尋找，好不容易找到，孩子就會主動想到：「我再也不想遇到這種事，所以我要把布偶放在固定的地方。」經歷過怎麼找也找不到的困境，才能夠培養孩子解決問題的能力。

如果孩子千拜託、萬拜託母親「跟我一起找」，母親也只要做做樣子就好。母親只要一邊假裝沒找到，一邊引導孩子：「媽媽幫你在客廳找找，你負責找自己的房間。」這麼一來也能夠累積經驗。

我明白做家長的一看到孩子因為重要東西不見而悲傷的樣子，就會捨不得，並且馬上就告訴孩子「在這裡」，或是買新的給孩

培養今後的「生存能力」是指……

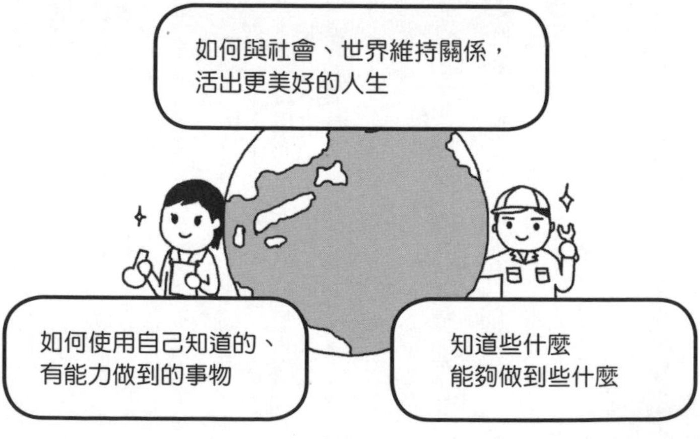
如何與社會、世界維持關係，
活出更美好的人生
如何使用自己知道的、
有能力做到的事物
知道些什麼
能夠做到些什麼

子。

但是，如果眼下同情了孩子，孩子就不會學到如何不弄丟東西，或是學不會如何找到失物。

過度同情孩子當下的遭遇，可能使得孩子的未來變得更需要同情。

既然提到這件事，我再舉一個例子給各位看看。

假設家裡規定「一天只能打一小時的電動，如果違反規定，隔天就要懲罰禁止打電動。」而孩子觸犯規定，於是家長要懲罰孩子。

可一到了隔日，孩子卻淚眼汪汪地哭求媽媽：「拜託嘛！我真的很想打電動！」此時大家會思考怎麼做才能幫孩子學會獨立嗎？

我的作法是，不管孩子說什麼，家長都該貫徹最初訂定的規則施行懲罰，讓孩子知道「不遵守規定就沒好事，短視近利只會吃虧」這個壞處，親身嚐嚐苦頭的滋味。

畢竟孩子長大了踏入社會，**他都必須學會懂得如何自律並遵從**。

如果父母擔心孩子長大後會讓人心疼，明白了「現在若不貫徹原則，讓孩子無法學習忍耐反而更可憐」，而非「看到孩子不能打電動而哇哇大哭便覺得很心疼」，如此必能引導孩子學會獨立自強。

你喜歡孩子失敗嗎？

近來捨不得看孩子經歷失敗的父母似乎越來越多了。

父母怕孩子有忘記帶東西的失敗經驗，總是先對孩子耳提面命：「手帕帶了嗎？」、「你把功課放在這邊會忘記帶喔！要放進書包裡才行！」、「你忘記帶筷子了！」諸如此類，避免他們犯錯。

「這有什麼不對？」

父母如果這麼想，便是可能無法忍受自己看到孩子忘記帶東西，或是覺得孩子會很可憐的家長。

我在前面說過，比起同情孩子眼前的處境，懂得優先考量孩子未來是否堪慮的父母最終才能引導孩子學會獨立。我希望大家可以把接下來說明的內容記在心裡。

為什麼事先避免孩子犯錯並不好呢？

因為不曾經歷些微失敗的孩子，反過來說，就是缺乏從失敗中重新振作的經驗，更重要的是，他們很少有從失敗中學習成長的經歷。

我見過這樣的孩子在校園等家長無法直接幫忙的地方犯了錯，就陷入極度的消沉。我也見過有孩子因為討厭的作文課報告分享不順而遭到挫折，隔天開始拒絕上學的案例。

協助育兒的諮詢者中，有家長提出：「我家孩子抗壓性很低，我很擔心不事先指揮一下的話，一旦他受到挫折會不會就不去上課了。」

我能體會因擔心孩子抗壓性低，所以總會事先替孩子做好安排，避免他們犯錯的為人父母心，但我針對過去的育兒案例抽絲剝繭地分析之後，發現有許多情況正是因為家長一直避免讓孩子犯錯，反而造成孩子抗壓性偏低的傾向更加惡化。

對於抗壓性低的孩子，家長若不斷剝奪他們經歷失敗的機會，這種傾向只會變得愈加嚴重，到最後，父母對孩子「會不會因失敗受挫就不去上學」的擔憂，便很有可能惡夢成真，發展成以下：

・因為在學校有失敗經驗就討厭去上學
・不會獨立思考，必須聽從別人指揮才會行動
・不知道該如何從失敗中重新振作
・有「失敗等於自己很沒用」的偏激思想
・無法做到符合其年齡的獨立行為，沒辦法適應校園生活

我們都是歷經各種經驗才長大成人，那些肯定不全然是成功的經驗，也曾有過許多失敗，一路走來應該都是自己主動思考並採取行動，而非聽誰告訴自己「下次要這麼做」。

家庭教育的重點，是**家長須愛惜孩子們的失敗經驗，甚至能夠說出「失敗是好事」**！俗語也說「失敗為成功之母」。

孩子上小學之後，媽媽不能時常陪在他們身邊給予指令或意見，幫助他們避免犯

錯。孩子將在學校經歷各種體驗，難堪的事、痛苦的事、憤怒的事、傷心的事，並從中學習社會化，逐步成長。

當然，孩子第一次學習做一件事時，父母的指導很重要，但要注意不可剝奪孩子體驗失敗的機會，這是未來新時代教養孩子的重點。

不要事先奪走小孩體驗失敗的機會，才能培養出即便跌倒也能重新站起來的勇敢孩子，鍛鍊他們學習自立。

孩子並非什麼都不會，而是你不讓他做，導致樣樣不會

「我家孩子沒有我什麼都不會，所以我得比我的孩子活得更長壽才行。」

當我聽到這句話，我才深刻發覺過度保護孩子所導致的悲劇，原來已經嚴重到這種程度。

一般而言，父母比孩子先走一步是很正常的事。

甚至有人說：「當一個人能主持父母親的喪禮時，他才是獨當一面的大人。」前面家長所說的話，完全是在負面意義上與常識背道而馳，正確觀念應該是「我已將孩子教育成不需要父母也能自立自強，何時先走都沒關係～」才對。

但過度保護子女的父母早已認定他的孩子什麼都不會，所有事情都由父母先出手幫忙或開口，最終害小孩沒有父母就什麼事情也做不到。

其實他們並非打從一開始就一無所長，而是因為父母從未放手讓他們去嘗試，才會變成什麼都不會的孩子。

許多家長並沒有發現自己已經過度保護孩子，實際上，妨礙孩子獨立的「過度保護」，與管教子女時「父母必須給予孩子協助」，這兩者之間的界線確實也很模糊。

那麼過度保護的標準又是什麼呢？

過度保護這個用語如同字面所見，是由「過度」和「保護」兩個單詞組合而成。養育子女的過程裡，有許多事情得由父母來保護孩子，甚至可說是必須給予的保護。而我認為的過度保護概念，舉例來說的話，就像父母替孩子打開糖果包裝紙，還幫他們放到嘴巴裡的狀態。

明明孩子可以自己剝開包裝紙，在他們想吃糖果的時候，自己選擇喜歡的口味放到嘴巴裡，但是父母卻硬要幫他們這麼做，這樣的養育方式足以稱得上是過度保護了吧？從這想法去思考，是不是自然能找到父母插手幫忙的範圍呢？

在孩子脫離嬰幼兒時期，**開始進入兒童期的養育階段後，父母應該教導孩子如何**

自己去釣魚，而非出手幫他們釣魚。

為了不要發生父母直到臨死之前都還要擔心子女的悲劇，家長一定要在腦海中牢記過度保護的定義，鼓起勇氣相信孩子的力量，儘量放手給孩子嘗試他們可以獨立完成的事，這才是培養孩子自立自強的教育裡最重要的關鍵。

遭遇過失敗與挫折才能夠培養出自信

我以家庭教育顧問的身份協助許多家庭教養子女的過程，曾陪伴許多孩子一起成長，我發現人類天生擁有挑戰自我能力與力量的強烈欲望。

也就是說，**人類的成長必須搭配失敗跟挫折這些調味料才行**。

用料理來比喻的話，其重要性堪比鹽巴和胡椒的地位，沒有加鹽跟胡椒的料理是不是令人食之無味？

回顧我約四十年來的人生，失敗與挫折在正面意義上，是豐富我這個人的要素之一，在我的人生中佔據很大的重量。

多虧學生時代曾遇過重要場合睡過頭或是忘記帶東西的經驗，我步入社會之後就懂得不再犯如此的錯誤。雖然偶而還是會遇到令人冷汗直流的事，但我都將這些視為人生的調味料。

面臨失敗的危機也要勇於挑戰，當達成目標時才更能體會到成功及成長的喜悅。

日本在二〇一八年夏天舉辦的第一百屆高中棒球夏季甲子園大賽，最終由大阪桐蔭高中寫下兩次蟬聯春夏連霸的紀錄，想必大家仍記憶猶新。那一年，來自秋田的金足農業高中刮起一場火熱旋風。

在大會開幕的三個月前，我曾請大阪桐蔭高中的西谷總教練來演講，後來西谷總教練親自打電話告知：「目前是我們準備前進甲子園的重要時期，很感謝您的邀請，但我恐怕無法應邀出席。」我也回覆：「很期待桐蔭今年能獲得春夏連霸。」因為有這段插曲，我比往年更加熱情地替他們加油。

甲子園的決賽由大阪桐蔭高中對決金足農業高中，大阪桐蔭展現出王者風範，漂亮地奪得深紅色的大會優勝錦旗。由於我擔任教育委員的大阪府大東市即是大阪桐蔭高中的所在地，當地皆為這場勝利瘋狂不已。

聽說這場振奮人心的勝利，其實要從他們一年前於甲子園的比賽說起，他們是從當時第九局兩人出局後的一個我方失誤，慘被對手逆轉的失敗挫折後浴火重生。

正因球隊全員一起承受過那次挫折，所以他們的每一球都承載著強烈的意志吧！堪稱是經歷挫折後，獲得成功與成長的典型範例。

可是過度保護的家長不給孩子經歷失敗或挫折，替孩子事先做好太多安排，導致他們沒有克服失敗的經驗，或是親身體會到成長的喜悅，也就是沒有做到本書的宗旨，培養出「孩子的自信」。

而且過度保護的父母還會在孩子內心深深烙下「你能力很差，抗壓性又低，沒有我（父母）不行」的訊息。

被稱為毒親的父母總在不自覺的情況下，用這些訊息給孩子洗腦，而要求這種狀態的孩子拿出自信反倒才是強人所難。

安排媽媽的自由時間也很重要

很多當母親的人每天都過著家事、育兒、事業三頭燒的日子，現在正在看這本書的讀者朋友，你有沒有為自己保留自由獨處的時間呢？

不知不覺間多了妻子、母親等職責，每一天都過得很充實，但充實生活的另一面，最容易被忽略的既不是身為太太或母親的時間，而是屬於你自己的個人時光。

媽媽珍惜與孩子相處的時間是很棒的一件事。

但不給自己任何喘息空間，將所有時間傾注在孩子身上的情況，我無法直接果斷地說這樣很棒。

因為一旦母親為了孩子用盡生活的餘力，面對孩子天真無邪的言行舉止時，會很難保持冷靜，一不小心就容易變得情緒化，宣泄內心的不滿、不悅。

如果走到了這一步，即便你為了孩子拚命擠出時間陪伴他們，最後也只會導致親子關係惡化，有可能給孩子的成長過程帶來不好的影響。

為什麼會發生像這樣的事呢？

最具關鍵的原因就是**你的目的已非培養孩子「獨立」，而是想「當」個好媽媽**。

我再重申一次，家長絕對不可以迷失養育兒女的終極目標。想要表現出社會認定的好媽媽形象，或是極盡所能延長與孩子相處的時間，既不代表你就是一位出色的母親，更不是養育孩子的目的。

孩子與父母相處的時間即便不長，最重要的是母親要保持心有餘力，笑容滿面地與孩子相處。

每個家庭都有各種不同的家庭教育模式，但「母親的笑容」算是所有家庭教育類型中「必須注重」的共通點。

你最近是否老是皺眉?是否總是用嚴苛的表情與孩子相處呢？

一旦母親心浮氣躁，就容易開始對孩子說出否定的話語、命令或指揮，像「快去洗手！洗完手去整理東西！」、「不可以這樣子！」、「你為什麼就是講不聽呢！」結果孩子內心的不平不滿也隨之增加，使他們的自我肯定感降低，覺得「我是糟糕的孩子」、「我是一直惹媽媽生氣的孩子」。

尤其對幼兒期的孩子而言，母親比父親有更多跟小孩緊密相處的時間，與母親的親子關係會影響心理與左右人格的培養基礎。

面帶笑容的母親是孩子最重要的精神鎮定劑，小孩絕對不會想看見母親滿臉愁容、精疲力盡的模樣。

為育兒感到疲憊不堪的時候，給自己保留一小時的獨處放鬆時光，這並不是一件該被責備的事情。

畢竟如今的社會環境，母親很容易被家事、工作、以及本來就不會凡事盡如人意的育兒壓力團團包圍，喪失精神上的餘裕。

最重要的是父母應對教育子女抱有正面認知。

這樣才能具體化心中所想，把育兒變成開心的事。除了教育的技巧以外，我也很重視父母的精神層面。

父母的心靈只要轉變成開心積極的狀態，眼前的現實必定也會跟著改變，成為有引導孩子養成獨立精神育兒觀念的父母親。

在長照業界，負責照顧的一方因過度疲勞，導致照護人員與病患雙雙倒下被視為現實一大問題。在事態演變到這種地步之前，他們認為給照顧方一點脫離工作的放鬆時間（喘息服務，Respite Care）很重要，育兒也是相同道理。

此外，要打造可以徹底放鬆心情的環境，絕對少不了父親的協助與理解。去喜歡的咖啡店閱讀好書的時間、透過游泳活動放鬆身體的時間——媽媽要暫時脫離太太或母親的角色，完整擁有屬於自己的個人時光，這樣才能在育兒上有更好的效果。希望正在閱讀本書的各位爸爸們都能理解，這也是一種有助教養子女的做法。

第三章

自信與獨立是在家庭中培養的

自信靠「謝謝」與「得救了」逐漸養成

日本國、高中生的生活滿意度調查結果，顯示「對自己感到滿意」的回答低於半數，反映出日本年輕人自我肯定度偏低的現象。

這樣的低自我肯定傾向幾乎已成為日本人的特徵。

說好聽一點是謙虛、顧慮他人的精神，但每當我看到現在年輕人的社會新聞，我便會覺得這種狀況已漸漸變得不容忽視。

此外，親子教育的輔導上也非常重視培養孩子的自我肯定。

父母常常會對沒有自信的孩子說：「你要再更有自信一點。」但就小孩的角度看來，他們會覺得「我都說了！就是因為沒自信才會煩惱啊！」

當然，如果是從孩子本身未察覺的角度出發，跟他們解釋過道理之後再說出這句話，說不定能得到「你說的對，我也許可以做到」的結果，但父母若只是輕易把「拿出自信來」掛在嘴邊，這句話就沒什麼意義了。

既然很難用幾句話來提高孩子的自我肯定感，父母又該怎麼辦呢？直接切入結論來說，就是「**讓孩子有被人說謝謝或幫了大忙的經驗**」，如果說話對象是家人以外的人效果更好。

從這個結論反推回來，我們可以發現重點不在於父母要怎麼說，而是**該怎麼做才能塑造出這樣的環境**。

當孩子未借助父母的力量，獨力完成一件幫助他人的事情時，他們都會露出非常滿足的表情，而現在的孩子已越來越少有體驗靠自己完成一件事，並得到他人認可自身力量的機會了。

有自行選擇、做決定的經驗才能夠帶來自信

我們可以回想常在速食餐廳看見的場景，想想年齡大概是小學低年級的男孩跟父母親在餐桌上正看著菜單。

當小男孩正在思考要點什麼餐，爸爸便總出聲催促他「趕快決定」，而媽媽則是在旁邊跟他提議：「上次你說漢堡排很好吃吧，要不要點漢堡排？」最後小孩不怎麼開心地回答：「那就漢堡排吧。」

使用培養孩子獨立與自信的育兒法，遇到這個情況會怎麼處理呢？

我的回答是——「**耐心等孩子自己做出選擇**」。

菜單對大人來說也許不足為奇，但在小孩子的眼中，無論是義大利麵、漢堡、焗烤，甚至連飲料區看起來都閃閃發光，他們非常努力地思考著要選擇哪一道菜。大人

因為早已有過經驗，可以果斷下決定，但用這個標準來要求小孩未免太嚴格了。

此時你除了等待之外能做的就是「等孩子開口提問再給他建議」，以及告訴店員：「不好意思，再稍等一下。」

雖然讓孩子獨力思考和做選擇必然很沒效率，不過培養孩子獨立與自信的精髓正藏在這種非效率式的應對之中。

從未在日常生活的小事中練習選擇的孩子，升上小學後根本不可能立刻變得能夠做出各種決斷，因為沒有遇過成功的經驗，所以缺乏自信，再加上未曾有過從失敗中學習的經驗，所以害怕做出選擇的他們才會無法決定。

這樣的孩子未來面臨志願選擇的階段時，會十分害怕做出失敗的選擇，本來他們應有無限可能的未來，卻害怕下定決心踏出實現夢想的第一步。

小孩子做選擇時，通常都有著大人無從理解的特殊價值觀基準，或是順著當下的心情來決定，從父母的角度來看也許會很困惑：「明明就討厭吃辣，為什麼要點泡菜鍋套餐呢？」

我個人希望父母能尊重孩子的選擇，讓他試著點一次泡菜鍋套餐，而不是直接說：「這個很辣，你不要點。」因為說不定他會發現「原來我也可以吃辣」，或是後悔著「我選錯了！我應該更仔細看菜單才對。」這也是一種良好的人生訓練。

我知道父母都不希望孩子經歷失敗，想敦促他們做出最好的決斷，但反過來說，這不就等於是父母否定孩子的決定，把自己的價值觀強加在他們身上嗎？

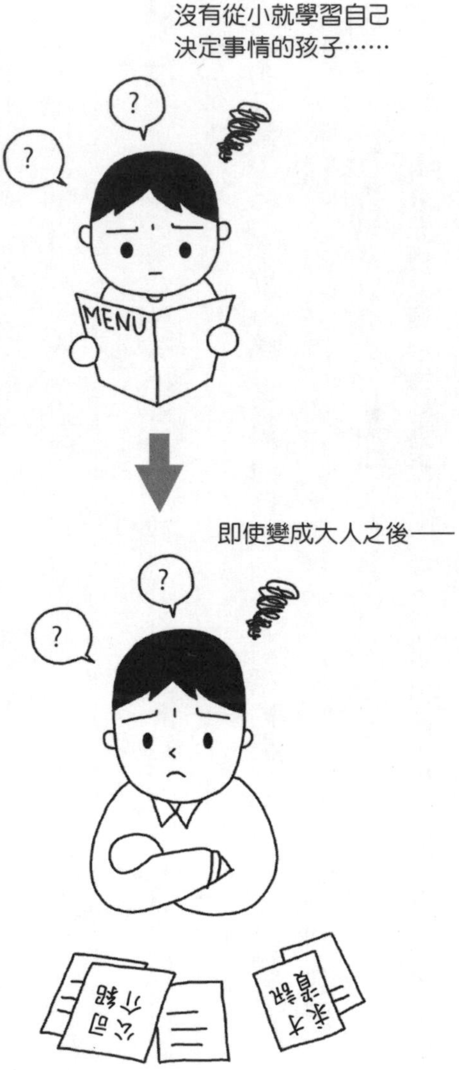
沒有從小就學習自己決定事情的孩子……
MENU
即使變成大人之後——

前面雖以速食餐廳來舉例，但同樣可影響到孩子對穿著、學習、社團、人生志願、未來職業、婚姻等等階段做出的選擇。

人生就是一連串接連不斷的抉擇，倘若不讓孩子扎實地累積經驗，那麼無論到什麼時候，他們終究是沒有父母就做不了任何決定的孩子，這樣可沒辦法達到育兒的終極目標。

在養成自信之前，別讓孩子喪失自信

人們一般都認為自信來自於讚美，否定會讓人逐漸失去自信。前面已經提過，他人的感謝話語會讓孩子培養出自信心，反過來想，孩子是如何受挫的？我們可從導致孩子自信受挫的角度來思考。

即是「為什麼老是要我重複一樣的話？為什麼不聽媽媽的話！」如此的語句導致。

當父母看到孩子的房間很亂、吃飯速度很慢、玩到差點忘記補習的時間等等情境，總會情緒爆炸的吼出這句話。

深入研究造成情緒爆炸的心理狀態，是不是因為在父母的內心深處，希望當時的孩子能照著自己指令這麼做，但是子女卻不聽從呢？

這裡有兩點值得我們深思。

第一點是「孩子本來就不會配合父母，按照他們的思考行動」。正是父母以為孩子會依照自己的想法行動，所以才會感到煩躁，因此修正這個大前提很重要。換句話說，父母需明白「孩子本來就是自由奔放，不會依照父母的想法行動」。

如果能夠改變這種想法，不再說出會剝奪孩子自信的否定話語，那麼小孩自然能在每日生活經驗中逐漸培養出自信。

第二點是「父母跟孩子是不同生物」這個觀點。

比如有些親子關係中，父母的個性是迅速且有計劃性地採取行動，屬於能明確表達的類型，可子女卻性格悠哉，不會直白地表達意見。

以我們家為例，我的大女兒個性跟我比較像，所以我相對容易理解她的想法，但是我太太會因為無法理解她而感到煩躁，而我有時則是無法理解小女兒的行徑，可太太卻很懂她的想法。

當父母親的個性與思考邏輯與孩子是完全相反的親子組合，他們當然會對慢吞吞的孩子行為感到焦慮。

說出「動作快點！」、「你為什麼不說呢？」、「要說就說清楚！」這樣的話語來逼迫小孩。若是親子組合正好相反，父母則會火大而壓抑孩子：「你就不能冷靜點再行動嗎？」、「給我安靜一點！」

倘若你的情緒快要因孩子的行為大爆炸時，請在腦海一角記得這個想法：**「也許是我們性格差很多，很難只用父母的價值觀去衡量」**。

懂得自我肯定會是孩子未來遭遇人生困境時得以發揮的潛力，為了養成孩子的自我肯定感，請避免因孩子不依照你的想法行動就情緒失控，或者因彼此的性格不同，而逼得孩子無路可退。

破表的自我肯定感

如同前面所述，學習自我肯定很重要，自我肯定感高的孩子面對任何問題都能相信自己，不屈不撓地克服難關。即使他們也會遇到失敗而氣餒，但他們可以主動修正方向，再度舉步邁向更強韌的人生。

在這裡，我也擔心不小心養育「爆表的自我肯定感」孩子。可能是受到無論如何都要稱讚孩子，幫助他們產生自信的流行育兒法影響，書店裡育兒相關書籍的書架上，大多是有關「讚美教養法」的內容。深入閱讀那些書本內容，印象中都是採用自我肯定感偏高的歐美育兒法。

歐美父母相對於日本父母，更早用大人的方式對待孩子，讓孩子擔負責任。我認為歸根於他們的文化背景，「讚美教養法」才能成功幫助孩子培養自我肯定感。

然而日本的文化跟歐美國家相比之下，不管孩子長到多大，仍會把他們當成小朋友。明明兩者之間有文化差異，卻光只是引進「讚美教養法」的精華本質，最終當然達不到讚美教養法的目標，也就是養成「孩子的自我肯定感」。

原本我們在別人「完成非理所當然的事情」，以自己為主力去幫助他人的時候」才會給予讚美。

可是讚美教養法卻建議父母只要孩子做到了，即便是「理所當然的事情」也要多做讚美，像是「你有乖乖吃飯呢，謝謝你」、「你做完功課啦，真了不起」等等之類的回應。

有按照爸媽所說的去做呢，

我個人認為，孩子向父母表達「媽媽，謝謝妳今天也煮飯給我吃」是很自然的事，如果父母一股腦地稱讚小孩，總覺得有點奇怪。

從幼兒時期就像這樣不斷受到讚美的孩子，到了學校會遭遇什麼事呢？

先別提仍就讀低年級的孩子，學校老師想必不會對高年級的兒童說：「你今天有來上學呢，真厲害！」、「你會自己坐到座位上，真棒！」

習慣接受表揚、很少遭到斥責的孩子身處在得不到讚美的環境中，自我認可的欲望得不到滿足時，結果是會變得很武斷，認為訓練自身能力的教導是「對自己的否定」，因而產生挫敗感，而且有這種狀況的孩子，也會把不滿的情緒發洩在別人身上。

因為面臨如此事態，有些人主張學校應該引進更多表揚式教育，但學校教育結束之後，孩子要面對的現實社會可不會把讚美當作理所當然。

所以我認為學校應該把前述的觀念作為教育基礎，也就是「**完成非理所當然的事情，以自己為主力去幫助他人的時候**」**再予以表揚**比較好。

再回到育兒主題來談。

其實有些父母為了提高孩子的自我肯定感，在實施讚美教養法後，結果仍須為孩子煩惱。他們大部分的諮詢內容多是「孩子只有自尊心高人一等，仍無法接受自己辦不到的事實，老是在批評周圍的人事物，卻不會主動付出努力去改變現狀」。

這完全就是孩子習慣被人讚美，超過自我肯定感的範疇，進而封閉自我成長的機會，最終只有自尊心往壞的方向發展的實例。

請大家記得，自我肯定感固然重要，但是以錯誤的方法不當施教，或是過度養成孩子的自我肯定感，反而會衍生相對的問題。

外力促成的動機與自發產生的動機

有一種行為無關乎金錢與旁人的評價，只以「幫助他人會感到開心」、「想達成自我目標」的心情為動機，主動採取「看到地上的垃圾就撿起來」、「想要更會畫畫所以拚命練習」的行動，這種**不依靠報酬驅使的行為動機，我們稱為內在動機**。

相對地，一樣是「看到地上的垃圾就撿起來」、「想要更會畫畫所以拚命練習」，其動機也有可能來自「想被大家認為我是一個好人」、「想得到獎金」的想法，這種**動機非出自行為本身，而是追求伴隨行為而來的外在因素（如報酬等），我們就稱為外在動機**。

除了家庭育兒，教育第一線也會討論怎麼做才能提高孩子的內在動機。我們不偏好外在動機，更重視如何點燃孩子內心深處的熱情火焰，觸發他們的內在動機。

儘管提高孩子的內在動機是件難事，但父母可以運用這個機制，培養出自立自強的孩子。

舉例來說，若孩子對念書的內在動機較低，父母可在他們念書時給予表揚或獎勵，那麼他們剛開始就會為了「想被父母稱讚」、「想要糖果」等外在回報驅使自己去念書，換句話說，就是讓他們出自外在動機而去念書。

孩子也有機會在這樣的情況下慢慢體會到讀書的樂趣，轉變成自發性學習，也就是**以外在動機為契機，最終達到觸發內在動機的目標**。

針對內在動機偏低的孩子，有些可透過給予獎勵報酬等外在誘因，提高他

外在動機
我自己想做
所以才去做！
不做的話
會被罵……
內在動機

們的內在動機，我們稱之為增強效果（Enhancing）。

教育學家威廉・亞瑟・華德曾經說過這麼一句話：

「一個平凡的老師專注在教導，一個好的老師會加上解釋，一個優秀的老師會再附加示範，但一個偉大的老師能夠激勵人心。」

對於為孩子的懶散、沒有幹勁感到著急的家長來說，思考要怎麼做才能提高孩子的幹勁時，可以參考這邊所談到的內在動機與外在動機，以及兩者之間的增強效果。

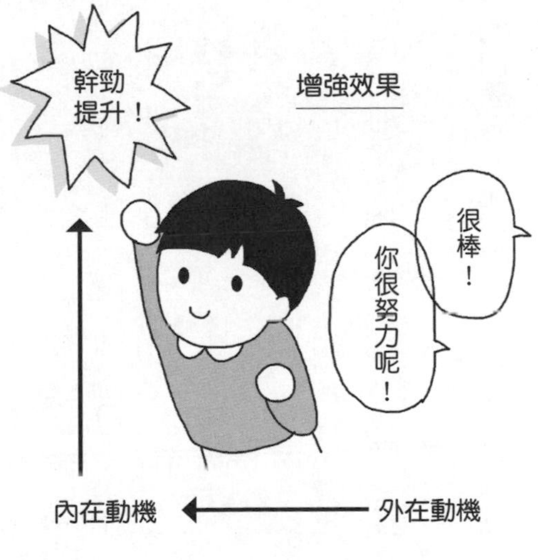

有時就當作在教育別人的孩子

大家讀到這裡，想必已明白過度保護與過度干涉會妨礙孩子培養獨立能力，而且會使他們更加依賴父母。

但有的家長即便心裡明知過度保護與干涉對孩子不好，卻還是忍不住注意孩子的一舉一動，急於開口訓斥，急著出手幫忙，就怕他們失敗。

會對孩子如此過度保護與干涉，並不代表就是糟糕的家長，畢竟追本溯源，會出現過度保護與干涉的舉止，其實也是源自於你對孩子的愛，所以才會忍不住插手插嘴。

當我對來諮詢育兒問題的家長指出過度干涉的問題時，他們總會回答：「我自己也明白……我有在反省。」其實他們也不是這麼愛照顧每一個人。

很神奇吧，家長唯獨對孩子就是無法用豁達的方式應對。

這在某種程度上可以說是「只對自己孩子發動的特殊能力」，換句話說，**看別人家教育孩子可以用旁觀者的角度，心態豁達地應對，不會對別人家的小孩有過度保護或干涉的行為，反而能做到培養孩子獨立的均衡教育方式**。

按照上述說法，老是忍不住對孩子的事插手插嘴的過度保護、干涉型的父母，要改變他們培養孩子獨立的教育方式，所需做的便是「把自己的孩子視為別人的孩子」。

當然，父母眼前的小孩仍是自己的心頭肉，只不過透過假裝他們是別人家的孩子，就能在自己雞婆的插手插嘴之前，先停下來思考：「如果是別人家的小孩，我也會這樣做嗎？」

這個短暫停頓十分關鍵，可以協助訓練。認同自己屬於過度保護、干涉型的家長們，請先練習把孩子當作沒有關係的他人來看待吧。

想像孩子是「學年加一級」

如果你是一臉苦惱的讀完前一篇，認為「要把孩子當成別人的小孩」很困難，那麼不妨試試看以下辦法。

我所協助的家長之中，許多人聽我這一項建議後，都成功引導孩子自發性思考與行動。

我的建議就是「**把他們當作比實際就讀學年再加一年級的孩子來對待**」。

我舉一個每天早上都要幫小學一年級的孩子穿襪子的母親為例。正常情況下，小學一年級生應該已經會自己穿襪子，這表示父母替孩子做了他們本應該要會的事情。

我們可以將此解釋為父母親剝奪孩子學穿襪子的經驗，也就是過度保護的行為。

倘若父母不給孩子學習獨自穿襪子，就算他升上國小一年級，他仍是沒有父母幫忙就不會自己穿襪子的小孩，這道理淺而易見。

我曾問過有這個問題的母親：

「妳要幫孩子穿襪子到幾年級呢？妳打算幫他穿襪子到他升上國中嗎？」

那位母親這樣回答我：

「怎麼可能，我沒有那樣想。」

「那我換個問題，妳覺得他什麼時候可以自己穿呢？」

她聽到我這麼問，自己思考了一下，然後說：「我希望他升上小二後可以自己穿襪子。」

於是我告訴她：「那麼妳就把孩子當成小二生，這樣妳就不用幫他穿襪子吧？既然他已經小二，妳就可以讓他自己穿了吧？」

儘管她一副遇到詐騙般的表情，隔天早晨仍按照我的建議做。

每當她要出手之前，都先在心裡默想：「他是小二生，他已經小二了，父母不會幫已經小二的孩子做到這種地步……」然後讓孩子自己來。

沒想到情況很快便有驚喜的轉變。

媽媽不再幫忙孩子穿襪子後，第一天他雖然會不開心地抱怨，但知道母親不會再幫忙，只好自己花時間想辦法穿了。

剛開始孩子需要十分鐘才能穿好，母親總會在旁邊偷瞄情況，但我建議她不要待在看得到孩子的地方，於是她完全不會再對孩子插手插嘴，不到一個月的時間，孩子便能夠只花三十秒左右就自己穿好襪子。

這位母親活用這次的成功經驗，在其他事情也延用「學年加一級」的思考模式去處理，結果孩子開始能獨自晚上去上廁所、整理房間等等，慢慢出現邁向獨立的正向變化。

大家覺得如何呢？是不是能稍微抓到讓孩子獨立的訣竅了呢？畢竟**你把孩子當成幼兒對待，他就會變成一個幼兒，如果別一直把他當成小孩，他就能成長為精神和行為與年齡相符的孩子**，這是理所當然的道理。

如果沒有媽媽，孩子就會變得沒出息的教育

各位讀到這裡，應該都明白家庭教育對於培養孩子的獨立精神有多麼重要。

話說如此，或許有部分家長在一開始讀本書的時候，就已經覺得「好像在說我家小孩，我的小孩沒有我就什麼都不行……」。

我們現在來分析，會緊抓母親衣角不放的類型的孩子。

沒有媽媽就什麼都做不到的類型，也就是母親依賴症，意思一如字面含義，就是指孩子依賴著母親的狀態。無論孩子要做什麼都只會依賴母親，比起靠自己思考再採取行動，他們老是先開口呼喊「媽咪～」、「媽～」，接著說「這個要怎麼做？」、「妳幫我弄」、「我不知道怎麼弄」。

進入幼兒期的孩子看見父母一臉美味地吃東西，就會知道「這個東西可以吃」，

或者聽父母親說話的方式，明白「這樣說才能表達意思」，他們一邊向父母親學習，一邊付諸實踐，日積月累之後，有一天就能變得不需要父母幫忙也能夠獨自判斷與行動。

相對於此，有依賴母親傾向的孩子儘管處於這個階段，卻無法離開母親身邊。大部分的父母發現孩子有這種狀況，都會不安地覺得「這孩子可能精神還不太穩定」、「他可能缺乏親情關愛」。

不過當母子必須分開，孩子發現母親不在身邊就會哭泣或緊張的情形，有可能只是**因為他年紀還小，獨自完成一件事的經驗還不夠多，也就是訓練（體驗）不足**。

明明他們只是訓練不足，並非缺乏關愛，但母親卻告訴孩子：「你只要做自己就好了。」、「不用害怕，你可以待在媽媽身邊。」他們反而失去進一步成長的機會，依賴母親的情形更加惡化。

儘管部分案例經過分析後，確實是「因為親情關愛不夠，所以才無法離開母親，只要能安撫孩子的內心，他們就能放心地離開父母的羽翼」，但我覺得大部分情況都不是如此。

畢竟對孩子關愛不足的父母基本上不會閱讀我的著作直到現在，也不會尋求外力的協助。

那為什麼小孩會出現這種依賴父母的情形呢？因為父母不顧孩子已經到了可以單獨行動的年齡，仍不斷預先給予他們「安心感」，才使得孩子容易出現依賴母親的狀態。

父母想避免孩子遇到難題，總是不停地事先提醒他們：「手帕帶了嗎？」、「你看，茶潑出來了，把杯子拿好。」、「不要踩在石頭上！很危險！」有父母完美的指引，孩子就會活在嚴密的安全舒適圈裡。

從保護孩子的觀點，乍看之下，這似乎是完美的做法，但從教育角度來看，這會造成孩子無法經歷失敗並從中學習的問題。

如果父母時常給予子女不需面對失敗與困難的安心環境，孩子就不能培養出獨自克服不安的足夠力量。

如此一來，孩子當然會黏著「賦予自己安全感」的母親不放，離不開媽媽。

「愛」就是「信任」

年紀介於幼稚園到小學低年級的孩子想叫母親幫忙時，我們通常期待母親可以一邊告訴他要怎麼做，一邊示範給他看，不過，做之前要先想想以下幾點。

- 你教他的是不是能讓孩子獨立完成的方法？
- 明明是孩子已經可以獨自辦到的事，你是否又事先幫他做好了呢？
- 你有塑造出促進孩子獨立思考的環境嗎？

如果做法與上述列表完全相反，就容易陷入前面所提到依賴母親的情況。

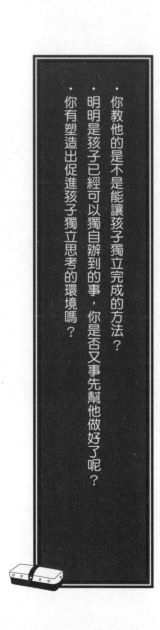

孩子明明沒有要求父母這麼做，父母就不要主動提出建議：「你這樣放的話，沒辦法把書全部放進去喔，要把書立起來，從左邊由高至矮按照順序排列。來，你試試看。」或是：「不要拿傘，穿雨衣比較好。」

請等孩子提出要求時，再給予建議，這是一大重點。

不想孩子有依賴母親的狀況，那麼與他們相處的時候，就應該抱持讓孩子獨立的想法。

孩子若沒有表現出符合年齡的獨立精神，就會明顯出現以下的言行舉止：

- 要求父母代為檢查（無論好壞）。
- 以父母的感覺為優先，而非自己的感覺。
- 以父母的想法為優先，而非自己的想法。
- 不會自己行動，只會照父母喜歡的方式（聽父母的指揮）做事。

很遺憾，這與我不斷強調的「育兒終極目標」相距甚遠。父母一定要預防孩子陷入這種狀態，「閉上嘴巴」，抱持著「看他們失敗的勇氣」，然後「相信孩子」。

在日常生活中，父母請試著學會告訴自己「這點小事就算失敗也沒關係」、「經過這次失敗，他自己就會思考下次該怎麼做吧」。

「媽媽，學校好可怕」的真相

我家的孩子是一對相差三歲的姐妹，有六年的時間，我會跟女兒手牽著手帶她們去幼稚園，所以我曾在幼稚園門口見到別人家的孩子不願意跟母親分開，哭喊著：「我不要去！我要媽媽！」畢竟孩子還很年幼，大多數只要進去上課之後就會開開心心地回家，加上有老師的協助，孩子自然而然能克服這道難關。

可是很遺憾，也有孩子持續著這種狀態，直到升小學也不願去學校，或是心不甘情不願地去上學。

有許多背景因素會導致這種狀況，例如出於環境的關係、孩子本身缺乏獨立等內在問題、親子關係問題，以及綜合各種複雜因素導致等等。

這類狀況的孩子很常說的一句話，那就是：「媽媽，學校好可怕……」

從家長的角度來看，明明孩子有住在附近、相處很好的朋友，也不是課業跟不上進度，本身也很喜歡溫柔的班導師，實在無法理解孩子為什麼會害怕學校。

肯定有些父母會以為孩子只是懶惰，或是在耍任性而已。

有些專家會用心理學角度旁徵左引，提出「由於某某關係引起某某效果，受其影響而導致孩子處於內心壓抑的狀態」，抑或是從教育觀點來分析：「孩子與老師的契合度或學校環境有問題」、「從某某教育觀點切入，這是屬於某某情況」。

沒錯，按照各種不同的狀況，確實可以得到這些分析結果，不過我接過來自全國各地五花八門的諮詢，從眾多諮詢內容中得到的一個結論，發現問題的答案大多都很單純。

我認為「心理學」與「教育學」有不少前例是把原本很單純的肇因複雜化，這是大眾很少提及的一點。

用白話一點的說法來解釋肇因。

這就像是幼稚園中班的孩子直接到小學一年級的班級去上課，他會發生什麼事？

孩子大概會出現幾個狀況：跟同學沒有話題、聽不懂上課內容、大家都會，只有自己不會而想逃跑、大家有問題都會問老師，可是自己卻不敢開口、在班級中格格不入、休息時間也覺得很無聊……或許短時間內他會努力試著改善，可是經過幾週後，孩子每天早上在門口肯定都會揹著書包，全身僵硬地說：

「媽媽，學校好可怕，我不想去上學……」

也有不少案例中的孩子每天早上起床後，總會說他「肚子痛」、「頭痛」等等身體上的不適。年幼的孩子遭遇這種情形，也難怪他們會陷入消沉的情緒。

換言之，一個孩子年齡到了但是獨立精神不到位，處在該年齡的環境下，就會無法適應。

你是否做出彷彿把幼稚園小朋友丟到小學中的行為呢？

此類案例不必用到心理學來分析，答案十分簡單，只需要「**以培養孩子擁有符合年齡的獨立精神為目標，施予適合孩子個性的家庭教育並讓他們親身實踐**」就行了，對吧？

雖然你也可以安排孩子到保健室或是無人教室進行單獨授課，或是由母親陪同在教室裡一起上課，為孩子準備適合的環境，但是身處這種環境的小孩，獨立精神恐怕會跟同齡兒童越差越遠。

換句話說，個別授課與母親陪同上課只是一種當下的處置，也許可以獲得緩解效果，但能否為孩子的將來從根本解決問題，尚存有疑慮。

學校裡不會只有開心的事，也會遇到許多緊張、苦於面對的時候，對孩子而言，學校並非百分之百只有快樂的地方。

孩子們必須在校園裡面對不擅長或緊張的事情，然後克服它，從中慢慢學習成長。

如霸凌等等校園問題，或是與天生發育相關的問題並不適用這個理論，不過家長若遇到孩子說「學校很可怕」，不想去上學的情況，請先從前面說明的依賴母親、孩子獨立程度夠不夠的視角深入剖析問題癥結點，也許可以找出解決方法。

由我擔任代理董事的家庭教育支援中心 Parents Camp，雖然也會協助處理小學生排斥上學、因過度依賴而需要母親陪同上學的問題，但父母若能學會正確處理方式，在適當的時機點配合家訪輔導，幾乎所有案例都能夠導回正軌。

今後世代幸福生活所需要的是韌性

近來協助育兒的第一線常提到韌性（Resilience）這個詞，Resilience 翻譯為心理上的恢復力。

承受相同的壓力，有的人可以輕鬆面對，繼續開朗生活，也有人會意外消沉，短期之內無法振作。

這之間的差異便在於個人韌性的強弱之別，那麼你屬於哪一種呢？

拿學校的作文發表會來說。

假設孩子在發表作文時無法順利完成，遭遇到挫折，韌性強的孩子就會想：「好丟臉喔，不過我最討厭的作文終於結束了，感覺輕鬆多了，下一節就是我最愛的體育課，太棒啦！」與此相對，韌性低的孩子就會覺得：「討厭……不知道朋友會怎麼看我，好不想去學校……」

韌性強的孩子就算面對高壓的狀況，也擁有能夠與之抗衡、適應壓力並繼續前行的持久力與柔軟性。

反之韌性低的小孩面對壓力的持久力差、缺乏柔軟性，所以內心才會大受打擊而備感挫折。

在不是因為學校霸凌或先天發育問題而拒絕上學的案例中，有很多都是類似這種令人感到「咦？你因為這樣就不想去學校？」的狀況。

韌性強的孩子具備以下四種能力：

韌性強與韌性差的孩子

- 能夠接受自己的優點與缺點
- 能夠與他人建立信賴關係，拓展人際關係
- 擁有解決各種困難的能力
- 具有設定目標並達成的能力

這四種能力恰好符合我想透過本書告訴各位的——「**能以自己的方式適應各種環境，適度依賴他人並向前邁步的獨立孩子**」的特徵，希望各位家長在日常教育孩子的時候，能念念不忘關於強化孩子韌性的任務。

相反地，韌性低的孩子會有以下五種特徵：

・適應新環境的能力低
・沒有勇氣自己做決定
・與他人沒有協調性
・選擇放棄而不是堅持到底
・遇到輕度挫折也無法獨立振作

上述都是會令父母親憂心忡忡的特徵。

我們觀察這些孩子的家長就會發現，他們完全是典型採取過度保護、過度干涉等不當育兒法，如同本書前面所描述的父母。

當父母聽到小孩鬧脾氣地說「我不要！我不想去！」，他們給的反應卻是「那我們就不要去」，這樣的教育當然會害孩子只能夠在適合他條件的環境下生存。

如果父母替小孩決定所有該他獨自決定的事，他絕不可能長成能夠自我判斷的孩子，而且父母事先幫孩子解決一切會形成壓力的事，他就沒機會體驗靠自己的力量克服困難的成就感，做事當然也就不會試著堅持到底。

養育子女的終極目標是「讓他成為就算明天你不在了，他也可以繼續活下去的孩子」，本篇所說的韌性即是指引你抵達這個終極目標的路標。

經常忘東忘西的原因

接著我們來想想育兒諮詢時的熱門主題：「為什麼孩子會忘記帶東西呢？」來找我諮詢的媽媽們都會抱怨孩子常忘東忘西，像名牌、體育服、課本……等等，明明就是每天都會用到的物品，孩子卻老是忘記帶。

答案很簡單。那就是孩子尚未體驗到忘記帶東西帶來苦頭的實際經驗。

每次差點要忘記帶名牌時，爸媽就會幫忙提醒；就算忘記帶體育服也會有媽媽趕著拿來；沒帶課本的時候老師也會借給他，不會責備他，老師也沒指導該如何應變。當這種安心感成為日常生活的一部分，儘管每天都因為忘記帶東西而惹得媽媽暴怒，他們還是經常忘東忘西，因為沒有從中學習到改變能力。舉例來說：

忘記帶名牌 → 感到丟臉
忘記帶體育服 → 不能上最愛的體育課
忘記帶課本 → 被罵、覺得困擾

只要孩子身處的環境會經歷這些苦頭，就算他曾經忘記帶東西，下一次也會提醒自己：「我不想再遇到那種事，所以要好好確認清楚。」

因此我都建議家長，「**即使看到孩子忘記帶東西，也要視而不見比較好**」。

由於爸媽不會再提醒他們，孩子幾次粗心之後，就會深刻體會到忘記帶東西「帶給自己的壞處」。

常忘東忘西的孩子經過我們分析，大多數案例都有「反正爸媽會提醒我」的依賴傾向，而絕大部分的父母因為不願見孩子犯錯，總是忍不住出聲叮嚀。

假設父母對小學三年級的孩子說：「今天好像會下雨，要記得帶傘。」殷殷提醒他帶傘出門以免被雨淋濕，這樣做真能有助家長達到育兒目標嗎？

我認為這種做法達不到育兒的目標。

因為父母每天都幫孩子看天氣並直接告訴他們答案，孩子自然不會自己看氣象預報或觀察天氣再自行判斷，只會一味地仰賴父母。

你想教育他們成為一個遭遇大雨時，發現自己忘記帶傘就會怪到父母頭上的孩子嗎？還是會自己看氣象預報或觀察天氣情況，再自行判斷要不要帶傘的孩子呢？

懂得這樣思考就可以幫助孩子養成為自己行為負責的觀念，而不是責怪他人。

交給孩子自行判斷該不該帶傘，如果他們因為沒帶傘而淋成落湯雞，有過不好的回憶，說不定下次陰天時就會自己決定要帶傘了。

這個做法聽起來很極端，不過孩子累積多次經驗之後，有助於他們成為沒有父母在身邊，也能自己判斷並付諸行動的人。

畢竟自己下的決定無法怪罪到其他人身上。

大家千萬別忘記，不能教導孩子獨立自主才是失敗的育兒成果。儘管讓孩子去經歷失敗，體會各種好與壞，經過日積月累，他們才會長成獨立精神與年齡相符的人。

關於忘記帶東西這件事，與其父母想盡辦法幫忙，更該重視讓孩子去體驗這麼做會造成的負面結果。

會不會變成負債累累的人要看父母

「水野老師，我想給孩子零用錢，我該怎麼做呢？」

如果父母有這層考慮，小孩將來說不定會成為有錢人喔。其實要教育出善於理財的孩子，給予零用錢是最好的辦法。

「可是我每次給我家孩子零用錢，他當天就會花光光，這樣是不是不好？」

我想告訴有這種想法的家長們，如果要幫助孩子未來成為富有的人，最好先改變這個想法，接下來我再慢慢向各位解釋為何如此說。

首先我們來想想，何謂適當的零用錢制度。

只要家長遵守兩條鐵則，就可以做到適當的零用錢制度。請注意，我說的是家長要遵守，並不是小孩子。

第一條規則，**讓孩子自己決定當月拿到的零用錢要怎麼花用**。換句話說，不管孩子要花掉還是存起來，爸媽都不要插嘴。

第二條規則，**就算孩子把錢花光光也不要多給他們錢**。父母只要做到這些就好了。

這麼做的話，孩子就會有如果馬上把錢花光便得忍耐到下個月發零用錢的日子，同時，也能累積孩子懂得存錢購買想要物品的經驗。

家長若趁孩子還是小學生時，適時給予適當數量的零用錢，他們就能養成理財觀念。

其實成為大人之後仍沒有理財觀念的人，小時候大多沒有自己斟酌存錢購買想要物品，或者因為花光零用錢而必須忍耐、覺得想要有錢花的經驗。各位應該不想看到未來自己的孩子沒辦法忍住眼前的欲望，隨隨便便就跟別人借錢吧。

趁孩子處於「知道金額多寡」的小學生階段，讓他們經歷各種經驗，正是培養優良理財觀念的育兒法。

再追加一個重點，父母可在決定每月零用錢額度時，先計算親近朋友圈的零用錢平均金額，再設定比平均金額低一點點的額度，如此更能提升零用錢制度的效果。

從這個時期開始，給孩子體驗敗在欲望而花光零用錢的拮据感十分重要。

現在使用電子錢包的趨勢逐漸普及，孩子在未來很有可能不需要再從錢包裡掏出錢買東西，正因如此，更須在教育上要求孩子有正確的金錢觀念、避免發生糾紛，以及規劃未來藍圖的想像力。

家長要趁著「金錢能夠可視化」的階段，協助孩子思考金錢的重要性與其意義，經過這些教育的孩子，即使進入看不到金錢的時代，也能成為善於理財的大人。

沒有叛逆期！只有家長讓孩子變叛逆的時期

我想應該有家長正在煩惱以前很乖巧的孩子，最近完全不聽話的問題吧。

前面我向各位說明過，父母必須更新育兒觀念，從「孩子就該照父母說的話做」，換成「孩子本來就是無拘無束，不會按照父母的話行動」。

現在我們稍微改變視角，從大家耳熟能詳的叛逆期概念切入。

此階段雖名為叛逆期，但要追求正向快樂的育兒生活，我希望家長捨棄「因為孩子正值叛逆期，所以他們會反抗父母也沒辦法」的想法。

那麼，父母該如何面對才好呢？

請各位先明白一點，「**孩子沒有叛逆期，只有家長使孩子變得叛逆的時期**」。

光是改一個觀點，便有助於減輕此階段的育兒煩惱，還能跟正值敏感時期的孩子建立起良好的關係。

從父母的角度來看，總是對孩子為何想法如此天真，或者為何會出現魯莽行為而感到不可思議，時而替他們操心，時而又覺得焦躁，然後厭煩地對孩子說：「要趁現在為未來做好準備」、「該去做功課了，不要讓我每天重複一樣的話！」、「你快去洗澡！」等等之類的話。

而孩子也會千篇一律地回應：「吵死了！」、「你好煩！」等忤逆的話。孩子想要獨自思考，而父母覺得是為了他們好而提出的意見，往往造成小孩反抗父母，父母又更氣孩子的回應，變成親子關係陷入僵局的惡性循環。

我將這種狀態稱為「負面情緒循環」。

小孩子是從經驗裡學習如何操控「自己」。此階段的孩子對父母口中的大道理或建議當然會厭煩，我甚至覺得父母應該為此感到欣慰，因為孩子已成長到開始懂得反抗。

我希望**父母對努力學習自立自強的孩子不要有過多干涉，避免孩子產生不必要的反抗**，如此才能跟正值敏感時期的孩子維持良好的親子關係，培養出獨立的孩子。當然，若孩子出現脫序的行為，身為父母理當斷然地做出處置，但是要事先劃定哪一種程度的行為才是該插手的界線。

當孩子正值叛逆時期，這條界線可以放寬鬆一些。

無論如何，為了父母的幸福著想，以及協助孩子學習獨立，重點就是要將育兒過程容易陷入的「負面情緒循環」，轉變成親子互有成長的「正面情緒循環」。

撒謊是想要獨立的信號

發現孩子撒謊的時候，父母究竟該不該嚴厲斥責他別這麼做呢？

雖然天下沒有父母聽到孩子撒謊還會覺得高興，但我認為撒謊另一方面也具有象徵孩子開始獨立的正面意義。

孩子進入小學繼續成長茁壯，他逐漸會發現周圍有各式各樣的人際關係，可以說他們為了適應這些變化，也會發展出類似撒謊這種複雜的人性。

從這點切入思考，父母與其對撒謊的孩子直接命令「不准說謊！」，反而該想一想，這是「**孩子已成長到懂得撒謊而感到欣慰**」，以及「**別責備他們，感同身受地聆聽他們的真心話**」。

小孩本身也明白撒謊是不好的行為。

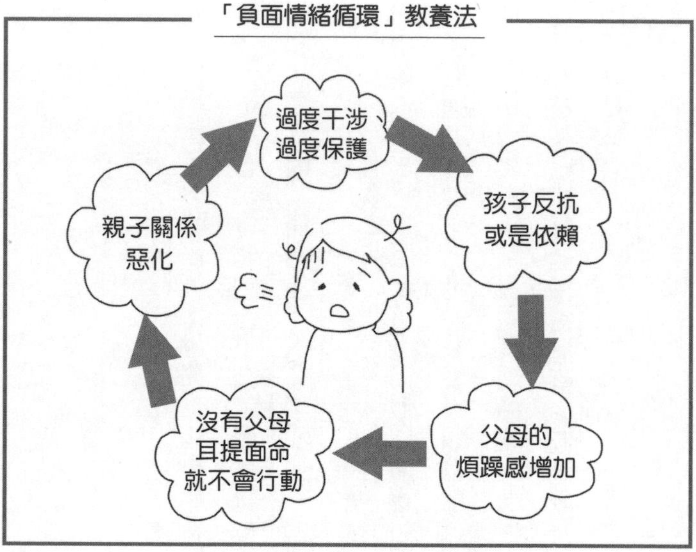
「負面情緒循環」教養法
過度干涉、
過度保護
孩子反抗
或是依賴
父母的
煩躁感增加
沒有父母
耳提面命
就不會行動
親子關係
惡化

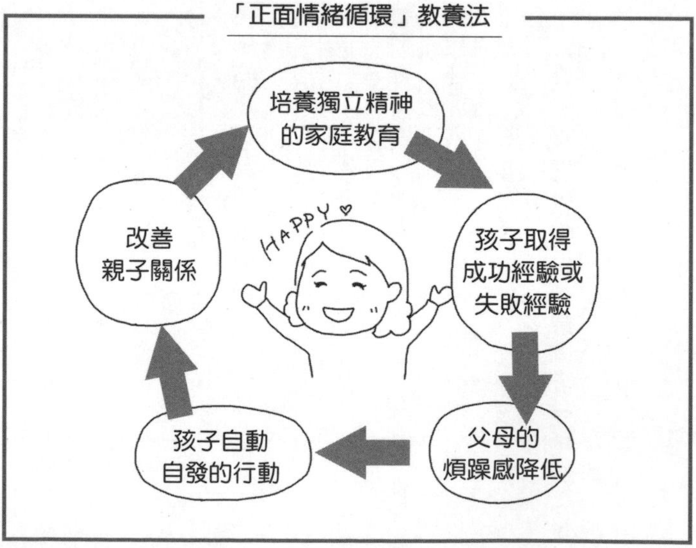
「正面情緒循環」教養法
培養獨立精神
的家庭教育
孩子取得
成功經驗或
失敗經驗
父母的
煩躁感降低
孩子自動
自發的行動
改善
親子關係
HAPPY

即便如此，孩子還是不得不選擇撒謊的時候，背後原因可能是怕父母追究、惹父母生氣等心理因素。

從這點來思考，我們可以發現一個面向，其實孩子的謊言是為了逃避父母咎責的一種不合理的藉口。不過，家長如能抱持前面所述的想法，孩子便會發現與其選擇撒謊，不如老實說出緣由或實情才會有光明的未來。

我認為孩子是在反覆經歷這些事的過程中，學會複雜的人類社會中包含撒謊在內的社交能力。

我非常能夠體會父母不想養出老是撒謊傷人的孩子，但是對此過度潔癖的話，小孩反而會覺得「父母都不聽我說話」，或是「父母都不相信我」。

比起責備孩子說謊，請父母先思考，找出孩子為何撒謊的理由，再與孩子好好談心。

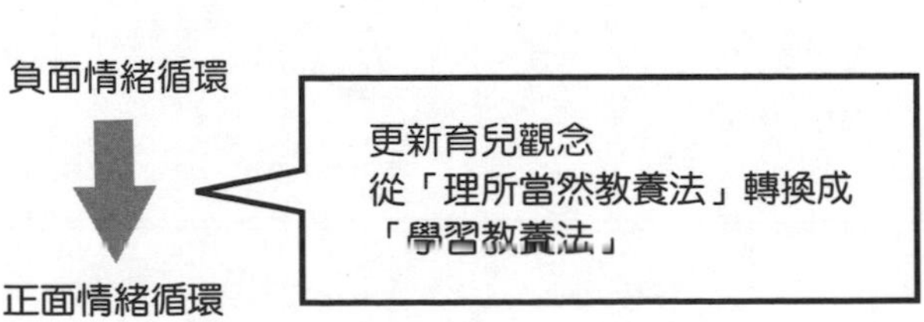

打動人心的讚美

在育兒相關諮詢中，時常提到孩子需要好好讚美。

我想跟各位父母說，當你要表揚孩子的行為時，你能採用的讚美方式可不能只有告訴他們「你好棒！」、「你好厲害！」如此而已。

育兒過程中的「讚美」，關鍵在於父母親的應對方式。孩子受到父母的稱讚能提高自我肯定感，再轉換成能量，克服未來在社會上遭遇的各種難關。

我認為讚美跟「斥責」同等重要，是育兒期間需要重視的一項要素。

只不過，很多家長都不太懂得正確地讚美，不擅長讚美型父母有一個特徵，就是稱讚孩子的方式變化很少。無論孩子做了什麼，在什麼時候，抑或是時間過了多久，仍然是……

「你好棒！」

「真了不起！」

其中也有部分父母只會用這兩句話來稱讚孩子。

這兩句的確是稱讚，不過當孩子的年齡改變後，有些讚美方式會略顯幼稚。

當父母對高年級的孩子說：「你有乖乖做功課，真厲害呢～」，可能只會得到「吵死了！不要管我啦！」這樣的回話。懂得配合孩子的年齡差異，選擇當下最適合的話語來稱讚的父母才是真正的讚美高手。

我們想像有一個母親正在和小學五年級的孩子一起做晚餐。

雖然孩子的動作有點生硬，但還是努力的幫忙媽媽做菜。此時我們應該有除了「好棒」、「好厲害！」以外的讚美話語可以說吧？

「你願意跟媽媽一起煮菜，媽媽好開心。」

「你裝盤的時候有特別裝飾這裡呢！」

「媽媽都沒有想到可以這樣！」

「看起來真好吃，好想趕快開動喔。」

「你去上烹飪實習課的努力有得到成果呢。」

「哇～你很有天份喔！」

「……（滿臉笑容）」

其他還有很多讚美的話語可以說，我就先列舉這些吧。

我要告訴各位的重點是，越多樣化的讚美，孩子更能夠體會到稱讚的本意。

擅長給予稱讚的家長懂得特別下功夫學習多樣的讚美詞、注意傳達的時機與表情等所有要素。父母可以做到這種程度的話，根本就是「讚美專家」了，孩子的自我肯定感傾向也會相對比較高。

孩子的行為是不是該給予稱讚的等級、讚美的時機合不合適、要選擇哪些讚美的話，父母表揚孩子時至少要思考這三個要點。

想要成為「讚美專家」，第一步就是別隨口說出「好厲害！」、「好棒！」，父母需要絞盡腦汁，努力想出更多讚美的話語。

儘管做自己，這句話太天真

教育前線出現一種令人擔憂的狀況，就是所謂「儘管做你自己就好」的教育風潮。

我認為教育界透過教學手法將這個想法逐漸「普及化」後，孩子的問題開始有所改變，這裡絕無意批評動畫電影「冰雪奇緣」喔。

究竟何謂做自己呢？我覺得越是動聽的話，含毒量就越高。

我曾經見過許多孩子完全不付出努力，光只有自尊心高人一等，可是一旦被別人指責，就會覺得「我被否定了！為什麼你就不能看到最真實的我呢！」而且有些這樣的孩子也會否定、嫉妒身邊的人所付出的努力。

我把此現象稱為「名為做自己就好的天真心態」。

這種天真心態不只是針對孩子而言，對教育方來說也一樣。

我個人也會告訴諮詢者，如果真的是「做自己就好」那該有多輕鬆啊，合理思考現實問題就會明白做自己就好是行不通的。

現今社會變化的速度特別快，如果說能夠適應任何環境，活出自我的力量是生存於社會的關鍵，那麼要迎接未來的孩子們更需要特別重視這種適應能力。

而我覺得在這之中，「做自己就好」並沒有切中目標。

肯定天生我材的重要性本應該是在認可素材優點（個性）的前提下，為了更好的成長而付諸努力，但現在這個說法似乎都被既不付出努力也拿不出成果的人擴大解釋了。

要在生活中愉快地做自己，必須擁有足以允許你這麼做的能力與立場。某種意義上，這種狀態本該是人生的終點目標，因此在人生起跑線上鼓吹「做自己」的做法，我覺得有種強烈的古怪感。

在諸如勇者鬥惡龍或是太空戰士系列等等角色扮演遊戲裡，大概也不會要求玩家「只要維持等級一，使用初期裝備的木棍跟布衣，但是到最後卻是要打倒大魔王」。

反而是透過磨練獲得經驗值之後慢慢升級，付出努力去追尋得到傳說中的武器或護具的人，可以肯定這種個性本質。

我覺得要阻止這種看法繼續擴散，以培養出能夠支撐起未來的「人財」（人力資源的瑰寶）。

身上只有木棒跟布衣的勇者可無法打倒最後的大魔王啊。

孩子們需要懂得害怕嗎？

孩子總是輕率地跨越那條絕對不能觸碰的禁忌界線，我時常聽到大家哀嘆著時代在變遷、家長在改變、孩子在改變。

現在確實有很多事情都出現變化，尤其跟過去相比，令人特別有感的是「孩子害怕的東西減少了」。

由於這個原因，孩子的問題行為似乎有逐漸增加的趨勢。令人遺憾的是，有時候還會發生孩子跨越「你應該到此為止」的那條線而闖出大禍。

小時候的我跟大家一樣害怕父親，一旦做出違規的事，就會怕被學校老師或警察責罰，但現代的父母如果嚴厲一點就會被說是虐待，老師嚴格一點就會被控訴是體罰，警察如果介入家庭問題，也只能在現場口頭勸誡⋯如今這個時代，感覺上尊重小孩人權，具有溫柔光明的一面，背後同時也形成黑暗面。

所謂黑暗面是指什麼呢？

那便是過去會使孩子感到害怕的東西已不再可怕，無法再擔任「心靈煞車」的角色，孩子的問題行為無法防範於未然。這點應該也算是只能點到為止的稱讚式教育、愛的教育等等所衍生出來的壞處吧。

換句話說，雖然有好也有壞，但在過去的時代，身邊可見的可怕存在卻是嚇阻孩子出現問題行為的管束力量。

更進一步地說，就是**不具形的存在作為阻止孩子跨越「界線」的約束力已成為過去式**。

舉例來說，就像現在會覺得「舉頭三尺有神明，人不可以做壞事」、「沒臉見祖先」、「做壞事就會下地獄接受閻王審判」的孩子，相對於過去已經慢慢減少了。

雖說這些事情可以用一起讀繪本的方式說給孩子們聽，培養他們約束行為的想像力，但是近年來教育也常利用電視與手機來教學，孩子們接收到大量現實與資訊的洗禮，不再偏重想像力而造成約束影響。此外，以前人們對黑夜會感到純粹的恐懼，現代也沒有這種情形了，只要一個開關就可以點亮整個家，就算出外也一樣，都市裡早已見不到那種不管是睜眼還是閉眼，同樣都黑漆漆一片的地方了。

也就是說，過去令人感到畏懼的事物，其實扮演著嚇阻孩子跨越「界線」的角色，創造想像中的恐懼感進一步約束孩子做出問題行為的力量。

我認為現代父母養育孩子，更應該在教育過程中讓他們體會並懂得敬畏的感覺（尊敬與畏懼神聖或偉大的存在），這會是預先防範孩子出現問題行為的一手妙招。

中元節之類的節日是最合適的時機了。

父母要告訴孩子：「你如果這麼做，祖先們可都在天上看著你喔。」

第四章

孩子變得愛念書，只要父母一句話

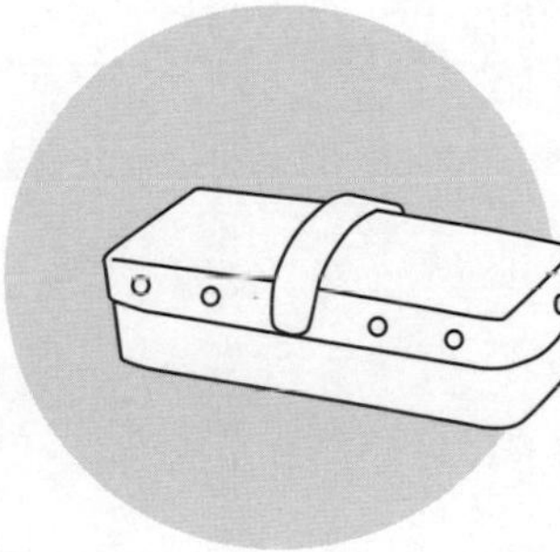

從孩子的學習態度下手，培養人生的正循環

我經營兩間公司，其中重視的是人才的培訓。

社會上有些員工可以順利培養成公司的「人財」（人力資源的瑰寶），也有明明只要撐過這座山就能看見人生的壯闊風景，卻在最後難關拔腿逃跑的人，而這樣的人再到其他公司就職，仍撐不過艱辛的過程，於是認為自己「跟公司不合」，不斷在換工作。

此類案例的人，往往在最辛苦艱難的第一年至第三年間，就會覺得「自己不適合這份工作」，這是經營者要面對的一道難題。

在一個組織內，從學習能力的觀點來看，積極學習者（人財）約占一成，學習態度消極者（人才）約占七成，接著是拒絕學習者（人災），約占公司兩成左右。

人財會為了提升工作能力主動學習，明確設立「我是為什麼而工作」的大目標，找出自己的課題，想辦法具體改善問題。

他們在過程中得到成長，而成長的實際感會帶來喜悅，使他們更加積極去學習，由此催生出正循環。他們工作時的眼神閃閃發光，活力充沛。

人才則是知道自己對公司有什麼貢獻，只有遇到報酬符合期待的事情才會去學習，學習之於他們只是一時興起，並不具備持續性與穩定性。

屬於此種類型的員工會「儘量避免」學習，在公司或組織裡，很少出現主動尋找工作樂趣的行動，他們安於辛苦獲得的位子上，很少有機會去學習成長。

最後要說的是人災。

我很抱歉使用了這種強烈的字眼，但從經營者的角度來看，他們確實是罪孽深重的員工。

這些人很討厭創新，只會習慣性地執行交辦的事，情況比較極端的時候，他們對眼前發生的各種工作上的問題，都覺得事不關己。

除此之外，他們還有很強烈的被害妄想，不管做什麼工作、拿到多少報酬，都只會怪罪別人，公司很難要求抱持這種心態的人在工作上有所成長。

我除了是一位經營者，同時也是一位提供育兒諮詢的專業人士，有時我會從育兒的觀點切入，分析出「這位員工肯定是受過這樣的家庭教育」，然後透過訪談當事人的成長歷程後，發現他的成長背景果然一如我所預想，源自於父母的過度保護或干涉。

孩子用什麼態度面對學習，而監護人又塑造何種環境來協助他們，都可以說是決定你的孩子在未來是成為人財、人才、抑或是人災的關鍵因素。

接下來我們來思考一下，家庭教育該如何培養孩子積極學習的態度呢？

比找尋「電源啟動」更重要的，是別按下「電源關閉」鈕

育兒教育的諮詢協助常會遇到家長來抱怨：「我家孩子做什麼事都沒有幹勁，不管是念書還是學才藝，開口閉口就只會說很麻煩、提不起勁……**我家孩子的電源啟動按鈕到底在哪裡呀？**」

我單刀直入地告訴大家，與其花時間去尋找孩子的電源啟動鈕，倒不如努力避免按到他們的「電源關閉」鈕。

孩子本來就是好奇心旺盛的生物，渾身充滿挑戰精神。

請你回想起自己小時候的時光。當你看見稀奇的東西，是不是想要去觸碰？當你遇到不懂的事情，是不是會不斷地問父母「為什麼」？

很可惜的是，從幼兒期到少年期這段期間，父母「無意間的一句話」容易影響小孩子純真的幹勁因而減弱。若只是別人的一句話，影響只不過是暫時性的，但父母的話卻會日積月累，無論好壞皆確實地給孩子造成影響。

此時小孩展現的行為便是其後果，以致於直至今日你還得對小孩說：「你為什麼不去寫功課！不要讓我每天說一樣的話！」、「你鋼琴練習完了嗎？不是說好練完才可去玩嗎！」、「你真的是很不聽話！」

這樣的做法培養不出幹勁十足的孩子，只會養成無心挑戰新事物、膽小怯弱、老是在意周遭眼光的孩子。

小孩子身上的確有電源開關。

我也曾經遇過諮詢過程中提供父母建議後，碰巧打開了孩子的電源開關，對方開始變得用功念書，最後順利考上一流的學校。

只不過，**父母要在日常生活裡不停找出孩子的電源啟動提升是一件困難的事，因此相對簡單的做法，就是避免去按到孩子身上較容易找到的「電源關閉」按鈕**。

關閉電源所指的，前面提到過否定孩子行為或決定的話語。光是父母一臉煩躁說出那些話，就已經能輕易抹滅孩子的幹勁。

我們從「孩子本來就是好奇心旺盛」，以及「父母親的否定話語會抹滅孩了的幹勁」這兩個單純直接的理論，可以引導出一個答案：父母應該了解安裝在孩子身上的電源關閉鈕在哪裡，並避免按到他們的消除動力開關。

提升學習能力的重要習慣

父母看到孩子不認真讀書就會覺得煩躁，總是有家長前仆後繼的來問我，該怎麼做才能讓孩子拿出幹勁。

可是孩子有幹勁就能提升學習能力了嗎？我的答案是否定的。

遺憾的是許多父母都誤解一件事，孩子光有幹勁其實沒辦法提升學習能力，那麼想要提升學習能力最重要的關鍵又是什麼呢？

答案是保持續發力，更進一步的解釋，就是讓學習習慣化。

幹勁是無法穩定維持的，會受到當下的時間與所處情況影響而發生變化，當這股不穩定的能量波段處於上升狀態，遇到學期考試或臨時抱佛腳需凝聚專注力的時候，才會發生效果。

可是這種狀態無法培養出真正的穩定學習能力，因為一段期間過後，幹勁的波浪就會減弱下降，再次被打回原形，什麼也不願意做。

其實幹勁只不過是養成習慣的一個起始點。

以學習能力來說，處於有幹勁的狀態等同孩子衝刺的最大瞬間風速，沒辦法持續維持。因此，父母應該善加利用這股最大瞬間風速，協助孩子養成習慣。

只仰賴幹勁的做法無法讓孩子得到真正的學習力。

更具體一點的描述，當孩子攤開他的課本，宛如處於最大瞬間風速的狀態，正當氣勢十足拿起鉛筆，打算開始用功念書的時候，若聽到父母揶揄著說：「哎呀，天要下紅雨了，不知道你能堅持多久」、「你就是平常都不用功，才會走到這一步」，此時不管是吹多大的風都會歸於平靜了。

父母若想要繼續維持住孩子的風力，箇中訣竅就是在一旁陪著他，笑著鼓勵他：「你很努力呢。」就算沒有特別讚美他，只要父母臉上帶著微笑，孩子就會感受到父母開心的情緒，滿足心中那股想得到認可的欲望。

雖然幹勁的波浪會每況愈下，但只要孩子知道想起「每天坐在書桌前念書，媽媽就會很開心，看到媽媽開心，我也會很快樂」的心情，以不同於被父母直接要求的方式，孩子主動逐漸形塑出他想念書的動機。請各位回想起前一章的內容，這就是有關外在動機轉變成內在動機的過程。

當念書變成孩子的每日例行公事，成為一種習慣，養成真心覺得「學習很快樂」的動機，就能夠得到提升學習能力的成果。

問「功課做了嗎？」是因為不信任

你問孩子有沒有做功課時，他臉上露出什麼表情呢？而你又是什麼表情呢？

他是否一臉厭煩地回你「現在正要做啦」、「你好煩」呢？抑或是他明明還沒動手寫，卻騙你說「只剩一點就寫完了」？此外，你的臉上是不是一副「我看你八成還沒寫，快點去寫！」的表情？

單看對話，這樣的親子交流似乎只是單純檢查功課，可是從表情、動作或非言語式溝通的角度來看，孩子會覺得你在懷疑、責備他，因此才會出現前面那種反抗式的回應。

碰到這種狀況，**家長不如狀似好奇地問他：「今天的功課是什麼呀？」**

這麼一來，孩子也許會開心地說：「今天社會課教了方位喔，媽媽妳知道東方跟西方在哪裡嗎？」然後主動把功課拿出來給你看。

這時你若回答他：「真的呀？現在社會課也會教這個呢，好像很好玩。」孩子應該會再跟你聊更多話。

你可以順著話題，一邊幫他看功課，一邊說：「你可以教媽媽嗎？」這樣孩子也許就會主動開始寫功課了。其實只要改變些許說話的方式，就可以看到孩子出現改變。

每天都要疲於應付「檢查功課突襲」的魔鬼戰士型父母，這方法絕對有請君一試的價值。

等一下，這句話NG

各位應該常常見到母親一見孩子沒寫功課，躺在家裡看漫畫、打電動打到哈哈大笑，就忍不住大動肝火的場景吧。父母情緒正激動時所說出口的話語，大多沒什麼正面效果。

「你寫功課沒？（焦躁）」

「先去把功課寫一寫！」

從這幾句話打頭陣，接著忍不住飆出氣到滔滔不絕的斥責話語。

我已經看過上千個孩子被父母這樣說，卻從來沒見過任何一個小孩聽完這些話後，會乖乖說「好的，我知道了，我馬上就去寫」。不少父母也為此深感困擾，自己覺得「我也不想說這些話，但是我家孩子根本都不去寫，所以就忍不住唸他」。

請你先暫時冷靜下來好好想一想，既然說了也沒有效果，何不乾脆別說呢？還有，家長是否試著深入思考，為什麼孩子不會主動寫功課呢？

他們不會這麼做的原因有兩點。

一是玩樂的優先順序高於課業，另一個則是親子間的信賴關係。

首先玩樂的優先順位高於課業是理所當然的事。

畢竟他們還是孩子，年齡上對讀書重要性的認知尚缺乏經驗。與其強迫他們卻害他們討厭讀書，不如放任孩子去經歷不讀書會帶來的壞處（被老師責罵、在學校丟臉、聽不懂課業內容而心慌意亂）。

即便他們一開始也是心不甘情不願，仍會逐漸變得願意讀書，然後再從中找到讀書的樂趣，這樣的經驗將有機會幫助他們未來成為願意主動學習的人。

討厭讀書的小孩很少會忽然自動自發的開始用功念書。

所以我們可以先讓他們體驗負面的外在動機，引導他們去面對寫作業等之類課題，從協助他們體會到完成任務的成就感開始做起。如果一次就想跳兩階、三階，育兒過程可會累死人的。

接著我們來談談信賴關係。

孩子對不信賴的人所說的話只會左耳進右耳出，箇中意思並非指小孩不信任自己的父母，而是「不信任叫他們去讀書時的父母」，為什麼會有這種情形呢？

以前面那句「功課做了嗎？」的詢問句為例。

這句話聽在孩子耳裡，等於在說：「功課做了嗎？照你的個性八成還沒做吧！」、「快點去做功課！我看你光只會先玩喜歡的東西，最後再騙說你有寫，所以我先提醒你這個小笨蛋！」

孩子內心會認為說這種話的人不能信賴，如果你真的相信他，基本上針對寫功課這件事就應該「默默交給孩子自己去做」。

不強迫對方是建立信賴關係的基礎，也就是靜待對方採取行動，另外也要避免說出前面提到的NG話語，請各位家長先從這點開始做起吧。

一句魔咒讓孩子自願用功

你想不想知道一句魔咒，可以讓不念書的孩子彷彿中了魔法一般，自動用功讀書呢？

我身為處理孩子拒絕上學的家訪顧問與家庭教師，曾面對過許多不愛念書的孩子，現在就來告訴你，我從這些經驗發現的專業招數吧。

這句魔咒就是「做三分鐘就好」。

孩子聽到你這麼說，會問你：「真的只有三分鐘嗎？」你再告訴他：「是啊，沒錯，但不可以超過三分鐘喔。」如此一來，孩子就會說：「那我去寫，只有三分鐘喔！」然後主動去念書。

方便的話，你也可以準備一個碼錶。這個做法的關鍵是不要在三分鐘時間到之後，又跟孩子說：「要不要再多做幾分鐘？」等他做完就任由他去玩樂。

請務必三分鐘一到，就結束當日的念書時間，每天持續這個方式，孩子便會習慣每天念書三分鐘。這麼一來，情況就有機會轉變成孩子主動覺得「今天想再多念一點，這個段落有點不上不下的」，不過你要反過來限制他：「不不，我不是說三分鐘嗎？不行不行。」

結果很多不愛念書的孩子反而因此變得「想再多念一點書」，但就算如此，你還是要告訴他：「如果你想念，就趁我不在的時候自己去念吧。」

我擔任家庭教師的一個小時內，雖然孩子只念了三分鐘，剩下的五十七分鐘都是在聊天或一起玩，可是我所協助的孩子最後通通都提升了學習能力，考取到父母、老師、甚至孩子本人都出乎意料的志願學校。

「在沒看到目標終點的情況下，人很難維持動力」、**「只要受到限制，人就會想要突破它」**，這兩點即是本段內容的重點。我在執筆著作本書的時候也是如此，如果叫我「半年寫完一本書」，我就會很懶得動筆，但是把過程分成「一天寫一頁」之類的小目標，再請可靠的編輯限制我「不可以寫超過三分鐘」，最後累積下來的文章量反而明顯增加。

將學習過程細分成小段落的這種方法稱為單位學習法，歡迎大家在家庭教育時嘗試看看這個做法。

別說「你為什麼不會？」要說「因此知道哪裡不會，太好了」

小學的考試內容對家長而言，幾乎沒有不懂的問題，很多父母總認為「為什麼連這麼簡單的問題都不懂？」、「這個漢字還會寫錯也太糟糕了。」

這時父母常常忍不住對小孩說：「怎麼不是拿一百分？居然錯在這種小地方，你要再用功一點。」可是我從沒見過小孩聽到父母這樣說之後還能充滿幹勁。

父母親的觀念要從「扣分方式」改變成「加分方式」，這便是培養愛念書的孩子很重要的一點。

以七十分的考試成績為例，扣分型思考的父母會氣孩子沒拿到那三十分，而用情緒性的字眼責備他。

可是加分型思考的父母會先稱讚孩子能夠理解七十分的考試內容，並且知道從扣掉的三十分發現不會的地方，而替他感到開心。**父母要養成孩子愛讀書的祕訣，就在於更新觀念成為後者的加分型思考父母。**

加分方式能夠預防父母說出「為什麼沒拿到一百分？」之類否定孩子努力的話，而是「**能知道自己哪裡不懂真是太好了，你會的地方就是平常努力的成果，你好棒喔！不會的地方就跟媽媽一起想吧**」，比較容易引導孩子鼓起幹勁。

從小就被綁住的大象……
反正掙扎
也沒有用……
長大後也會覺得
「反正我弄不開這個鎖」
而放棄掙脫。

我身為統籌學校教育的教育委員會一員，也會對小學教育提出各種建議，其中我曾聽小學教師說：「小學的考試只是測試孩子對學習內容理解到什麼程度，不需要太拘泥於分數，更重要的應該是怎麼從考試結果提升孩子的學習動力。」我身為家庭教育專家對此也深表認同。

如果每次拿成績單出來，父母老是大發雷霆，孩子便會失去信心，更別提主動去念書了。

一旦孩子失去自信，就會認為「我很沒出息」、「我又不會念書，努力也沒用」，因而失去讀書動力。用心理學觀點解釋，這表示孩子陷入學習失能的狀態。

父母別拘泥於分數，透過加分型思考找出孩子會的部分，別在意分數（結果），要慰勞孩子在過程中付出的努力，告訴他們：「你很努力呢！」

家有地球儀的孩子學習能力高？

電視節目曾說「學習能力高的孩子家中都有地球儀」，由於是在黃金時段播出的娛樂節目，想必很多父母都有看到。

該節目播出之後聽說出現後續效應，街上各個小文具店的地球儀似乎都賣光了。聽起來雖然很像個笑話，但是對文具店的老闆跟老闆娘而言，至少能夠出清堆放在店裡深處，彷彿已成古董的地球儀，肯定開心的不得了。

父母們先停下來想想，真的只要買個地球儀放在家中，就能提升孩子的學習能力嗎？

直接說結論的話，我的答案是NO。買一個地球儀並不會引起什麼變化。

可能有人認為是電視節目亂造謠，其實也不全然如此。

仔細想想，節目上只有說「學習能力高的孩子家中都有地球儀」，也許只想表達家裡有地球儀的孩子比起沒有的人，學習意願傾向比較高，並沒有說只要買地球儀就能提升學習能力。

這個說法聽起來有點混淆視聽，不過「家裡有沒有地球儀跟學習能力高低之間只存在相關性，而非因果關係」，換句話說，購買地球儀不能直接提升學習能力，而是受到了幼童時期能與父母有以下的親子對話：

孩子：「京都在哪裡啊？」
父母：「京都啊，在詩織妳所在的大阪上面喔。」
孩子：「是喔，我去看地圖！」
（孩子跑去看貼在牆壁上的兒童用日本地圖）
孩子：「有了！我找到京都了！」

父母：「沒錯，你找到了！你愛吃的和菓子就是京都的名產喔。」
孩子：「是喔？啊，地圖上也有畫和菓子的圖案！」
父母：「那我們家所在的大阪上面畫了什麼呢？」

孩子：「大阪有飛機的圖跟章魚燒的圖！」
父母：「嗯，對呀。那個地方就是機場，有很多飛機喔。」
孩子：「真的嗎？好棒喔，我好想去看看！」
父母：「那我們下次放假去機場看看吧。」
孩子：「哇～我要去！我還要吃章魚燒！」

因為有類似對話的家庭，在孩子成長過程中會聊到世界各國的事，日本是四面環海、地球是圓的、新聞上出現的美國跟土耳其國名……當父母向孩子解釋這些事物時，自然會出現「有一種東西叫做地球儀，可以看到很多國家的名字跟位置喔」、「我想要！」、「那我們去買吧」之類對話，因此這些孩子家中才會出現地球儀。

不是買了地球儀就可以提升學習能力，而是家庭教育擁有提升孩子學習力的培養土壤，所以家裡才會有了地球儀。

換句話說，「會購買地球儀的親子關係所培育的孩子學習能力比較高」。

要養成扎實的學習能力沒有速成的捷徑，應該要透過親子間高品質的日常交流，供給提升學習能力的土壤。

另外還有一點很重要，加強孩子學習能力的過程中，建議至少以半年為間隔來觀察。

學習能力不是節節升高的正比曲線，而是可能在某個階段忽然成功串聯起過去日積月累的學習內容，恍然大悟地發現「我知道了！」，這也是學習有趣的地方。

大部分的孩子有過突然開竅的經驗後就會主動去學習，成績經常也會跟著不斷提升。家長不必每天提高學習難度，只要記得半年前設定的學習難度，幫他們檢視學習狀態就好。

希望孩子學才藝成長的家長、把孩子壓垮的家長

最近的孩子似乎比我們小時候忙了許多，甚至有小學生一放學就得去補習班，假日的時間也被學才藝的行程塞滿。

孩子處於這種狀態，也難怪會有不想去學才藝的時候，家長遇到這個問題該怎麼處理比較好呢？

出言斥責：「你在說什麼！給我去學才藝！」、「所以你才會老是做什麼都半途而廢！」、「不准給我偷懶！」不去嘗試理解孩子的心情，否定他們的行為與人格是不好的做法。

孩子不願意去上才藝班必有他們的理由，先理解孩子的想法才是合適的做法。

你要先抱持同理心，接受孩子「我今天不想去」的心情，聽他們說明原因，像是

「因為我想去跟朋友玩」、「老師太嚴格了」、「最近都沒有進步，好無聊」……即使只有表達片段的理由，孩子仍會告訴你。

請聽完孩子解釋，再思考要採取何種具體的應對方式。

就算是大人也有抱怨著「唉，今天真不想去上班」的日子，此時你的朋友或夥伴若說：「你在說什麼鬼話，怎麼可以不上班。」你會作何感受？

大概會興起「我不過是抱怨一下……你們都不懂我」的厭惡感吧。通常這種時候，最想聽到的應該是有同理心的人說著：「嗯嗯，我明白，人難免會這樣。」「話雖如此，我還是得去上班才行，謝謝你陪我發洩。」有時經過這番對話，我們就能重振積極的心態。

孩子不想去上才藝班和大人的抱怨其實有異曲同工之妙。

接下來我們來談談具體的處理方式。

如果你抱著同理心聽孩子說完後，事情仍然沒有進展，你可以參考後述方法。

比如孩子的理由是「想跟朋友出去玩」，代表學習可能已經超過孩子的容忍值。

撤除睡眠時間不算，平日孩子能夠自由度過的時間大概只有傍晚四點到晚上十點左右。

如果還要上才藝班到七點、吃晚飯、做學校的功課、睡前洗個澡……孩子幾乎就沒有自由時間了，這就是我在本節開頭提及的典型生活過忙小孩，建議父母應該重新審視孩子學習才藝的間隔作息時間。

若孩子的理由是「都沒有進步，好無聊」，那麼只有親子雙方對談容易陷入情緒化爭論，應該找才藝班或補習班的老師一起討論比較有建設性。

又如果是「我討厭上才藝班」此一理由，那更沒必要逼迫孩子去上課。小孩本身不感興趣卻要強迫他去的話，不過是在浪費時間與金錢，父母必須冷靜下來檢討自己，是否變成單純把自己的理想強加在孩子身上的狀態。

父母送孩子去學才藝或上補習班時，很容易忘記「父母只負責出錢」這個立場。換句話說，**孩子「想要學」的想法才是大前提，父母只需提供協助。**在育兒諮詢的時候，常有家長忽略這一點，開口問我：「要怎麼做才能讓小孩願意去上才藝班呢？」

大家搞錯重點了。才藝不應該是父母叫孩子去學，家長的立場只不過是贊助商而已。

孩子對這些課程沒有熱情，就別逼他們去了。

家長擺出那種態度，孩子只會覺得「被命令去學才藝」，有時甚至會提出莫名其妙的要求，像「我去上才藝班，但你要給我零用錢」等等，但他們會提出這些不合理的條件，原因其實出在父母身上。

所以父母不該忘記這個大原則作為前提，應把孩子學習才藝的經驗轉換成更豐富的人生內涵，畢竟父母送孩子去學才藝也是花錢又耗時。

雖然喜不喜歡的決定權掌握在孩子手上，但唯有父母以及周圍的大人可以幫助孩子增加體驗的機會。

如果發現「我家孩子好像喜歡音樂」，那就帶他去鋼琴教室參觀，給他碰一碰樂器，陪同一起去看場演唱會；如果覺得「他好像喜歡棒球」，那就帶他去公園玩傳接球，全家一起去看場職棒比賽，這些都是好辦法。

家長只要記得，學習才藝只是**增加他們體驗機會的一種方法**。

若孩子表現出排斥感，便要乾脆脫身，勉強他繼續學習只會落得「學才藝是為了父母」的困局，一定要特別注意。

有目的和志向，教育才能夠發光

國中時期的我不太喜歡英文。

還曾叛逆地認為身為日本人為何要被人以英文能力來作評價，世上有這麼多語言，為何偏偏要學英文。

結果我記得當時考試的分數也是慘不忍睹。

但是，我並非討厭全部的外文。

大學時期，我曾想要去理解有不同文化背景跟語言的人，於是到泰國的少數民族偏鄉去，主動學習泰國少數民族的語言，雖然時間不長，但曾在當地跟大家生活過一段日子。當時的我很憧憬電視上播出的「旅人日誌」節目。

待在少數民族的村莊生活期間，花了三天左右的時間學會「肚子餓了」、「我累了」、「好熱」等詞彙，以及最簡單的打招呼用語跟自我介紹等等溝通上的文法。

經過一個月後，我已經有能力跟村人對話閒聊。

我在一個月間學會的外語能力，大概等同國中時花了三年，坐在教室裡漫無目的地學習英文的等級。

為什麼我沒辦法在學校的英語課拿出成果，卻能短時間在泰國少數民族村莊裡學會他們的語言呢？

我認為這是因為**「自己為了什麼而學習」的目標很明確**。我想要更加理解村民說話內容的目標很清楚，所以才會自動自發地學習。我甚至不覺得自己正在學習，用興致盎然來形容反而更貼近我的心情。

事實上，我從這裡體會到教育的精髓。

孩子討厭念書、不會主動學習、學習能力無法提升的背後原因，可能是由於他們不清楚「我是為什麼而念書」這個目標。

舉一個聽人說的事蹟為例，有一個人在學生時期對語言完全沒興趣，成績也很差，但是自從他與菲律賓人交往成為戀人，居然在短時間內驚人的學會了他加祿語（菲律賓語），這完全就是成功將眼前的學習內容與目標相連結的典型範例。

孩子若無法從學校的教育中找到目標，因此討厭念書，父母別急著叫他「快去念書」，更重要的是先冷靜下來，跟他們討論為什麼現在要念這些書，以及這些事跟目前生活的關聯性。

你可以陪孩子一起看英文課本，告訴他：「英文跟日文不一樣，會先從結論開始說起。就算你沒有機會跟外國人聊天，只要學會英文，就會變得更懂得說話，也許可以為你將來想當諧星的夢想鋪路喔。」或是「小數跟分數都很難呢，不過真理子妳穿的鞋子尺寸二三．五也用了小數喔。〇．五用分數來說就是二分之一，廚房裡的量杯上面也有寫二分之一對吧。妳今天可以喝一又二分之一量杯的果汁，妳自己來試看看。」

若將孩子所學的知識活用到他周遭的物品，他們就會兩眼發光，神采奕奕地想要學習。

家庭教育應該要掌握到此一精髓，不同於學校老師的教法，從個別角度切入，個別花時間去學習，如此每個家長都能幫孩子拓展他想學習的世界。

第五章

家長與孩子之間的重要小習慣

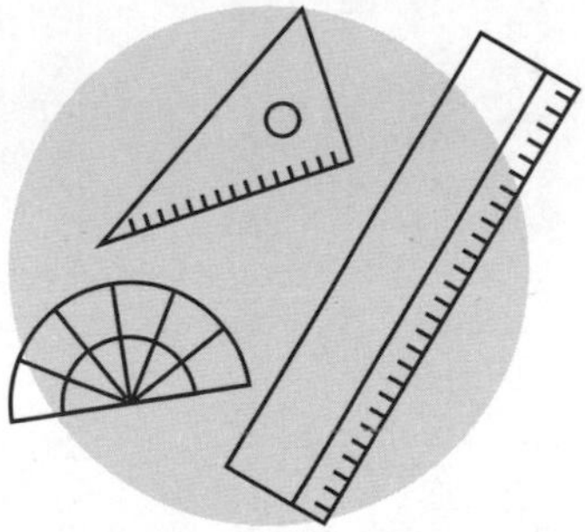

給孩子幫忙的酬勞是句「你幫了我大忙，謝謝你」

「幫忙洗碗就給你十日圓」、「幫我摺衣服就給你二十日圓」、「如果你幫忙遛狗一個月就給你買一個電動」……肯定有父母會以讓孩子幫忙做家事的方式，預先讓他們體驗勞動的感覺。

我並不否定這件事本身的意義，不過我認為這種為了得到報酬的行為，不能稱為幫忙。真正的幫忙應該是「出於自動自發與無償的愛所展現的行為」。

舉例來說，小孩看到媽媽發燒，主動覺得「媽媽看起來很不舒服，今天由我來摺大家的衣服吧」、「今天大家好像都很忙，我來幫忙打掃浴室好了」……諸如此類的範例。

過去只曾為了獲取回報才採取行動的孩子，他不會管自己是不是家中的一份子，內心只會有「這個月我有錢，不想幫忙洗碗」、「我沒有想買的電玩，才不要去遛狗呢」等等令人難過的想法。

所以想要教育出懂得判斷狀況、主動幫忙的孩子，父母不應該拿金錢作為代價去要求，而是向孩子表達自己的想法，像是「媽媽今天發燒了，身體很不舒服，你如果能幫我摺衣服就幫大忙了」、「我切到手指，洗碗的時候手好痛喔……」等等。

而對於有所行動的孩子，父母也要確實的用話語來道謝，如：「小明，你幫了我大忙呢，謝謝你。」絕對不要用命令口吻要求說：「這種時候你就不會幫忙洗個碗嗎！」這點很重要。

話雖如此，採用支付報酬形式的家庭教育也並非全然壞處，作為引誘孩子幫忙的誘因上來說確實有用。

只不過，大家可以試著把金錢報酬換成貼紙，在冰箱上貼著畫有格子的表格，若孩子幫忙做家事，就在上面貼貼紙。

這種手法稱為代幣酬賞制，是針對適當的行為反應給予臨時報酬，等到臨時報酬累積一定數量，就給他們更換成特定物品（如晚餐追加一道他喜歡的料理），或是允許他們參與某種活動或行動（跟父親去公園等等）。

如果能在家庭教育裡加入這個手法，特別是小學低年級的孩子，他們會從每天貼貼紙的動作體會到樂趣，不斷地累積幫忙做家事的經驗。

不過父母需要注意，如果事先沒有訂定適當的報酬或目標，有可能會淪落為本節開頭敘述的那種，僅想要求金錢代價而做事的模式。

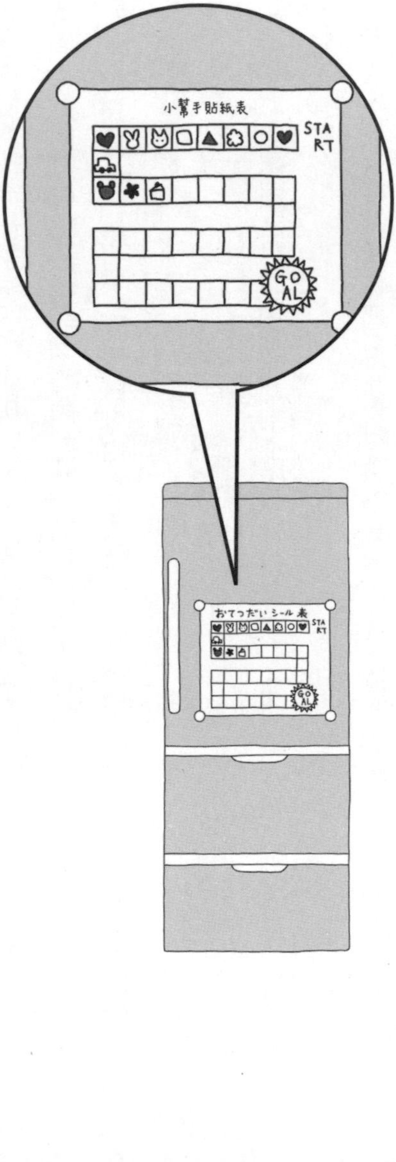

你是否造成孩子對營養午餐挑食

我家長女（小學三年級）十分愛吃營養午餐，每次問她：「今天在學校有什麼好玩的事嗎？」她總是會非常開心地說：「營養午餐很好吃，我吃了三碗！」聽到她這麼講，我就開玩笑對我太太說：「是家裡的飯不好吃，所以才那麼愛吃營養午餐嗎？」結果我挨了太太一頓罵：「你不准再給我吃飯！」

與我們家的情況大不同，最近因為吃不下營養午餐就不願意去學校的小學生正在增加。儘管大家要求公立學校需要解決這個問題，努力提供高營養價值又美味的營養午餐，但學校要在有限的預算中，提供多數孩子都能夠滿意的營養午餐仍有極限。

若要比較學校營養午餐跟平常吃的媽媽料理，很難要求到餐餐美味，不過我認為真正的問題不是營養午餐的味道，說不定是孩子缺乏足夠的適應力與包容力，所以只能接受家裡的菜色。

舉個例子，有一名小二的男生，因為他超討厭吃營養午餐所以不去上學。

調查他在家究竟是如何用餐後，我發現他們家是用大盤子盛裝料理，像自助餐吃到飽一樣，讓他自己選擇喜歡的食物，要吃多少就吃多少。

這種吃法代表一直以來，孩子在家裡都只有選擇自己愛吃的食物，與想吃多少就吃多少的經驗，而學校的營養午餐則是固定每個人用餐份量，也不能給孩子選擇菜單，結果才導致他上小學後無法適應營養午餐的模式。

此外，因為家長知道孩子討厭吃什麼，餐桌上從不會出現他討厭的食物，反正端出孩子討厭的東西他也不會吃，所以不想浪費食物。

這時我請家長照以下方式改變做法，孩子便出現正面的改變，也能夠適應學校的營養午餐了。

- 把用大盤子盛裝的自助餐式改成個別套餐式
- 即使是孩子討厭吃的菜也要端上桌，並讓他們自己決定「要吃或不要吃」
- 盡可能將孩子討厭的食物切成細碎狀，跟喜歡的食物做搭配，努力讓孩子願意吃
- 如果孩子沒吃完，就露出難過的表情；如果他們努力吃光光，就露出開心的表情

從飲食教育的觀點來看，如果在味覺處於敏感階段的幼兒期，讓孩子習慣各種味道，有助於豐富孩子未來的人生。

另外，現代日本的孩子大多沒有經歷過「饑餓」，如果孩子曾經餓過一次，就不會再抱怨營養午餐了。

從這個角度思考，未來的育兒教育說不定會開始希望父母制定「一日斷食日」，積極打造讓他們體驗饑餓的機會。然後隔天早上，趁著孩子的肚子餓到咕嚕咕嚕叫的時候，親子一起做早餐來吃。以長遠的眼光來看，這樣的手法或許能更加豐富孩子的人生也說不定。雖然我不知道我家長女超愛吃營養午餐的狀態會持續到什麼時候，不過可以給大家做個參考。

如何善用學校老師

我覺得最近的家長似乎很不會利用學校老師。

看看下述這個例子，有個孩子放學後對母親說的第一句話是這樣：

「媽媽！我今天打掃的時候被老師罵了，結果被罰一個人擦地板。那個老師好討厭喔！」

如果是你，會如何回答呢？順帶一提，最近好像越來越多父母會如此回答：

「他留你一個人擦嗎？真是討厭，我去跟校長說，媽媽也很討厭那個老師，前一個班導比較好。」

各位覺得怎麼樣？乍聽之下，似乎是貼近孩子心理的處理方式，不過這就是典型不會利用老師的父母。

這裡所犯的錯誤在於父母親矮化了學校老師的地位。

父母如此對孩子說話，孩子心中就會認為老師的地位比父母低。

孩子會依照某種程度的階級金字塔來判斷「這個人說的話就算沒道理也必須要聽」，或是「這個人可以用隨便態度對待也無所謂」，他們不會乖乖開口去問地位比父母低的人。

長久下來，就算老師在學校課堂上糾正他們，孩子可能也不會聽，功課也不寫，最終導致學習能力變差。

糟糕的父母還會因此指責老師：「他不做功課，學習能力越來越差，是不是老師不會教！？」

這種情況會使老師不再專注於眼前的孩子，而是一邊窺探他們背後的監護人臉色來處理問題，加上孩子是能看透這種關係的天才，便害得這種惡性循環又更加惡化。

剛才舉的案例，母親若先冷靜確認狀況，問孩子：「你被一個人留下來擦地板很生氣吧，為什麼會這樣？」接著再告訴他：「那是因為你偷懶才會被罰呀，媽媽覺得老師的判斷沒有錯。」以長遠眼光來看，這樣比較有利於孩子的教育。也就是說，**父母在子女面前要明確表達尊重老師，替他們塑造立場，這點十分重要**。

父母別認定「這個老師不好」，一定要好好跟老師加強合作，在家裡不要矮化老師的地位，協助老師徹底發揮教育的力量。這跟先前我舉父親為例，向各位說明不要矮化「黑臉角色地位」會得到較好的教育效果是一樣的道理。

為了不讓大家產生誤會，我要明確聲明，前面所述不代表老師說什麼都是正確的，或是父母不能反對老師的教育想法或做法。

當你實在無法接受老師的處理方式時，比較聰明的父母會「私下去問老師，而不是在孩子面前說」。

坦白而言，**學校本來就是「學習何謂不合理」的地方**。

我們所生存的社會絕非只有乾淨透澈的人際關係。其實到處都有自己無法接受的事、必須跟討厭的人往來等等，充滿著不合理的事。

正因為如此，雖然不能將學校比喻成面對不合理的事前預防接種，不過父母若能把學校視為類似這樣的場所，了解學校具有從小訓練孩子慢慢接觸這類事情的價值，或許會較好。

從這個角度來思考，我們為人父母者，或許也應該要理解學校本來就是一個清濁並存的環境。

家長要當孩子的心理輔導師

感謝許多人的認可，我每年有幸能在全國各地參與約八十場育兒教育演講，我在演講時都會跟大家分享「家長要當孩子的心理輔導師」。

各位母親為了育兒跟家事忙得焦頭爛額時，總會忍不住跟老公抱怨個一兩句吧。假設妳對丈夫說：

「老公，你聽我說，我今天要帶孩子去上才藝班時，天空忽然開始下起雨來，我連忙去收衣服，然後正準備出門的時候又發現腳踏車掉鏈，真是急死我了！」

妳正在為此抱怨時，若聽到老公這樣回答：

「今天的天氣預報都說傍晚會開始下雨，妳早一點把衣服收進來不就好了。還有，每天都應該保養腳踏車，就是為了避免發生這種情況。」

妳聽完這些話是不是更火大？

其實抱怨的當事人只是想得到他人的共鳴，聽到別人說：「這樣啊，那還真是糟糕呢。」

那麼當事人肯定能夠接著說：「對啊，還有啊，在那之後⋯⋯」將自己的心情宣洩出來後，就能轉換成正面的心情了。

父母常常忍不住對孩子的發言回以教訓意味強的否定話語，例如「這樣做就好啦」、「為什麼連這種事也需要煩惱？」等等，如果以前面舉例的對話來思考，各位是否就能體會孩子聽完父母訓話之後的心情呢？

心理輔導師這個職業，就是希望能夠引起對方的心產生共鳴的專家。

我很建議各位家長將心理輔導師平時慣有的心態「輔導的心（Counseling Mind）」運用在育兒方面。

讓家長以輔導心應用在育兒教育的觀念，我稱之為「PCM（Parents Counseling Mind）」。詳細內容還請各位參閱我的拙作《由你來培養「能從心振作的孩子」》（暫譯），或是家庭教育支援中心 Parents Camp 的官方網頁。

接下來我將針對**培養孩子獨立又有自信的訣竅，就在於父母具有同感的輔導心，**詳談這一部分。

PCM 之11項主軸

父母輔導的心
把你家中的「我不知道」轉變成「我知道」的祕訣

- 積極聆聽之技巧
- 我訊息（I-Message）之技巧
- 儘量避免命令、指揮、提議之技巧
- 別跟孩子進行同等級的對話之想法
- 父母的問題要與孩子的問題分開思考之想法
- 不要事先剝奪孩子的經驗之想法
- 不要說出不滿、不悅的話語之想法
- 不要強迫孩子接受父母的價值觀之想法
- 傷心時就露出傷心表情、開心時就露出開心表情之技巧
- 不要矮化黑臉角色的地位之技巧
- 換位思考之技巧

提高身為父母的同感

跟孩子對話，最重要的是與他們有所同感。

比如，若孩子對你說：「這本漫畫好好看喔！」你會如何回應？父母經常忍不住露出跟興奮不已的孩子相反的厭惡表情這麼說：

「你不要看漫畫，去看圖鑑。」

「你之前不是看過了嗎？去看點別的書吧。」

「媽媽不喜歡那本漫畫。」

大多數的孩子聽到這樣的回答，只會無言以對。如果常常有這樣子的對話，孩子便會覺得「就算跟媽媽說她也不懂」、「媽媽是不是討厭我？」

長期累積下來，可能造成親子之間無法建立信賴關係、無法培養孩子自我肯定的後果。

比較具有同理心的家長會如何回答呢？

他們肯定會開心說出：「那本漫畫真的很有趣呢。」聽到這個回應，可以猜想孩子也會興奮的發展出以下對話。

孩子：「這本漫畫好好看喔！」

母親：「那本漫畫真的很有趣呢。」

孩子：「對啊，主角小明非常善良，又很照顧朋友，我好喜歡他。」

母親：「真的呀？你喜歡善良又會照顧朋友的的小明呀。」

孩子：「嗯。只要朋友有困難，他立刻就會去幫忙喔！是不是很棒！」

母親：「嗯嗯，真的很棒呢。」

孩子：「就是說啊，我也想變得跟主角一樣。」

母親：「這樣呀。（微笑）」

上述對話就是「積極聆聽（Active Listening）」，各種培養孩子獨立的技巧之中，我最推薦的就是積極聆聽。

如果父母跟孩子對話時，忍不住用命令、指揮、意見來回應，或是說出教訓口吻的話，便會很容易轉變成誘導式對話。

前述的批評語句也會因此脫口而出。

有效運用積極聆聽技巧，有助於親子建立信賴關係，也能提高孩子的感受性與自我肯定感。

父母接受我們的育兒支援協助時，我都會請他們先學習積極聆聽的技巧。他們說，不過是把過去否定性的回應改成與孩子有共鳴的回應方式，親子對話就變得熱絡起來，與孩子聊天也開始感到有趣了。

這個技巧的重點是採取「我聽我聽」的態度，而不是「我說我說」，這樣孩子就能學會自我思考如何跟人對話。覺得跟孩子聊天很有趣，這就是成為共鳴力強，能引導孩子走向獨立的父母的起跑線。大家就先學習好好聆聽孩子說話吧。

積極聆聽的案例練習

一開始或許並不容易做到，不過只要父母願意耐心傾聽，孩子就會樂於敞開心房跟你聊天。

我舉一個例子來說明在實際會話中若活用積極聆聽技巧，會帶出哪種內容走向。

「唉～今天好不想去上游泳課喔～」當孩子說出這樣一句話，下述兩則真實的親子間對話，請大家比較一下內容，試問家長有何感想？

（ＮＧ範例）

今天真不想去上游泳課～
唉～
因為你都不認真練習才會不想去！不可以請假！
我又沒說要請假，而且我有練習啊！
瞪
那你為什麼不想去！
有時就是不想去嘛！
所以媽媽才會每次叮嚀你要提前做準備！你學書法也是半途而廢，游泳可要給我好好學，人家小華都已經上到高級班。
煩死了！早知道就不要跟妳說了！
你頂什麼嘴！
我去上課了啦！
砰！
（甩門）

（OK範例）

孩子的個性與父母的應對方式，會影響親子能不能像這樣順利展開對話，而積極聆聽即是把重點放在體會孩子的心情，引導他們自己去思考內心的不安或問題點的對話技巧。

★來做案例練習吧！

我們先來看父母說出不當發言時，孩子會有什麼反應。

①

（命令）

（反駁）

②

（調侃）

（無言）

③
我今天沒有食慾，我不要吃晚餐。
！
不要嫌東嫌西的！
給我乖乖吃飯！
煩死了！
（孩子並沒有嫌東嫌西）
④
功課很快就做完了！明天的東西也準備好了！感覺好棒！
只有今天這樣是不行的，要每天保持下去。
…
（教訓感）
⑤
今天的功課要寫讀書心得報告，真討厭～明天就要交了。
誰叫妳不提前動筆，自作自受。
…
（父母不能體會孩子的心情）
⑥
真不想參加
明天的成果發表會。
你都為成果展努力到現在了，別說喪氣話，要好好努力。
我明天一定要請假。
我討厭唱歌。
（不接受孩子的想法）

接下來我們來學習積極聆聽的技巧。

父母平常可能會遇到一些情況，因而情緒化地責罵孩子，或是對他們提出命令、指揮、意見。那麼，我們要透過三種模式的練習——「重複孩子的話」、「掌握時機歸納原因」、「體會孩子的心情」——學會能夠用同理心去理解孩子想法的態度。

①

媽媽，我今天不想去補習班。
你不想去補習班呀？
嗯，我跟妳說……

②

為什麼男生總是這麼幼稚啊。
因為啊——妳覺得男生都很幼稚呀？
就是啊……

③

我今天沒有食慾，我不要吃晚餐。
!
發生什麼事了嗎？
你沒有食慾嗎？
嗚嗚……

④

功課很快就做完了！
明天的東西也準備好了！感覺好棒！
耶~
做好明天的準備就會覺得很棒吧。

⑤

今天的功課要寫讀書心得報告，真討厭~明天就要交了。
功課要寫讀書心得呀？那真的很討厭呢，媽媽也很不會寫讀書心得報告。
真的嗎!?

⑥
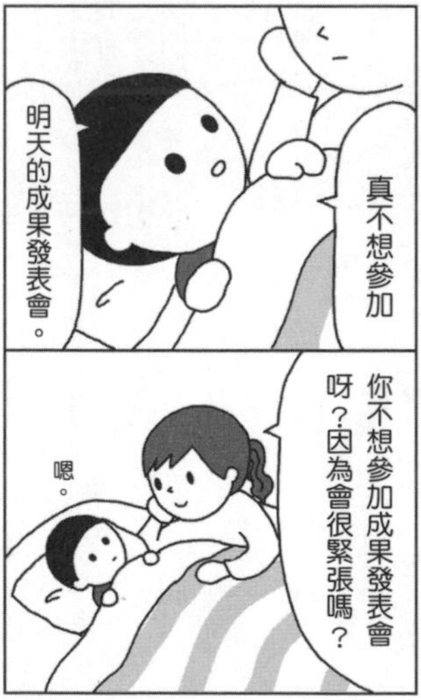
明天的成果發表會。
真不想參加
你不想參加成果發表會呀？因為會很緊張嗎？
嗯。

本技巧的重點是先重複孩子的話，再等他們回答，孩子經常不會馬上回應，這時關鍵就是要「靜靜等待」。

積極聆聽的要點不只是單純「重複」，而要抱持同理心，理解孩子的想法。小學的孩子會從「受到父母認可」的感覺中得到成長，請務必回顧一下你以前與孩了的日常對話，你是否對他們的發言給予否定態度，最後變成在對孩子說教呢？

父母要用彷彿身穿白衣的心理輔導師般的心態面對孩子，不要用指揮、說教的口吻說話，這就是有效運用積極聆聽技巧的祕訣。

「積極聆聽」若能搭配接下來要介紹的「我訊息（I-Message）」一起活用，將可在家庭教育上發揮更好的效果。

理解孩子的心情，用同理心聽他們傾訴，老實告訴他們父母的想法，那麼不必用命令、指揮、提意見的做法，也可以促進孩子改變思考方式與行為模式。設身處地體會孩子的想法，他們就能成為懂得自我思考的孩子。

嘗試使用「我訊息」與孩子溝通

請你回想一下昨天的親子對話內容。

不少家庭的親子對話大概都是「快去洗澡！」、「快去寫功課！」、「要吃東西前先去洗手！」等等充滿命令、指揮、意見的話語。在對話滿是命令、指揮、意見的家庭中成長的孩子，特別會出現缺乏獨立精神與自信方面的問題。

當然，父母也有必須使用命令、指揮、意見的話語來管教子女的時候，所以我不認為該完全禁止這種做法，而是建議父母應該「盡可能避免」這些話語。

那該怎麼做才能盡可能避免命令、指揮、意見的說法呢？

如果教育上完全放任孩子不管，的確不需要對他們說出命令、指揮、或意見，但這種做法也形同毫無責任感的放棄育兒。

想培養孩子的自信與獨立，重要的是從親子溝通中給予教導，這時我希望大家能夠學會使用「我訊息（I-Message）」。

請各位回想平常用命令口吻對話的內容，大部分的主詞都是「你（YOU）」。

「（你）快去收拾乾淨！」

「（你）快點去洗澡！」

「（你）不要吵！」

「（你）不准不吃香菇！」

將這些 YOU 開頭的訊息換成以 I（我）為主詞，這就是「我訊息」。對話中的主詞如果是「你」，通常容易造成人際關係上的摩擦，若把主詞改成我（I），將訊息重點擺在我怎麼想、我覺得怎麼樣，就能夠表達自己的想法。

舉個例子，假設你的孩子（小學五年級的男生）看電視看到很晚，此時你會做何反應呢？

「快點去睡覺！否則不准你再看電視！」（命令）

「如果太晚睡，隔天就會爬不起來，還是快點去睡吧。」（指揮）

「明天還要上學，要不要趕快去睡覺？」（意見）

很多人會給出這樣的情緒性回應，那你會怎麼做呢？我覺得家長這樣說也是無可厚非，當孩子很晚還不睡，父母就會在意他們看電視跟打電動的聲音，明明很累卻又睡不著，一想到明早孩子萬一起不來，就會產生更多不必要的憂慮，變得無法冷靜。

如果是喜歡控制孩子行為的家長，遇到小孩不聽話時就會很焦慮。

這時「我訊息」便是很有效的改正做法。

試著把前面列出的父母回應句都加上主詞後，會發現**所有的主詞都指向「你」**。大部分以「你」為主詞的對話案例，很少能夠將人際關係引導到好的方向。加上孩子聽到多半會出言反抗，管教上也可能收不到成效。如果本案例換成使用「我訊息」，就會這麼說：

「你這麼晚還不睡的話，明天早上會爬不起來，我就得去叫你起床，這樣媽媽覺得很困擾。」

父母可以用這樣的說法，不責備對方的行為舉止，重點放在表達這種情況對「我」的具體影響，以及坦白說出「我」受到影響後的感受。

這樣能避免孩子關上心房，並且理解父母的心情，進而改變孩子的行為。除此之外，在家中使用我訊息，也可以幫助孩子培養懂得替對方著想的心。

其他生活中較常使用的對話範例，例如：「你如果能快點去洗澡，媽媽就不用重新加熱水，我會很高興。」、「你如果把樂高丟在客廳，媽媽打掃時踩到會很痛，若能幫我收拾乾淨的話就太好了。」

大部分正值小學的孩子基本上都不喜歡看到父母難過，聽到父母說他們很開心，孩子的心情也會跟著變好。

與其單純命令並強迫孩子去做某些事，不如告訴他們這樣做「媽媽（爸爸）會很開心」，對家庭教育會更有效果。

我訊息的案例練習

我訊息是以「我」為主詞，不做嚴厲指責對方的行為，改成列舉「我」會受到的影響，以及表達「我」受到影響後的感受。接著我們來模擬家中容易發生的情況，試著練習使用我訊息吧。

★案例練習

＊小五的兒子在客廳把卡牌撒得到處都是

「你如果能幫我整理卡牌，媽媽就會更方便打掃，會幫我很大的忙。」

＊小四的女兒每天早上都要叫媽媽幫忙梳頭髮

「如果妳能自己來，媽媽就能收拾早餐的碗盤了，我會很開心。」

＊小一的兒子晚餐前吵著要吃零食
「媽媽很努力在煮飯，你若不吃我會很傷心。」

＊小二的女兒不敢一個人去上廁所，總是要人陪她去
「如果妳能勇敢的一個人去上廁所，爸爸會覺得很開心喔。」

＊小六的兒子在欺負小四的弟弟
「媽媽看你們在打架覺得好傷心……」

＊小五的女兒玩遊戲玩到很晚
「明天早上還要早起，我擔心妳玩遊戲玩太晚會爬不起來喔。」

＊小四的女兒比平常還晚去洗澡
「如果妳趕快接著去洗澡，熱水就不會冷掉，那會幫我很大的忙。」

＊小二的女兒沒有脫鞋就進家門

「沒有脫鞋就進來家裡的話，還要打掃乾淨很麻煩，媽媽會很辛苦。」

＊小五的女兒很挑食，總是不把晚餐吃完

「媽媽很用心煮晚餐，沒有被吃完感覺好沮喪喔……」

＊小三的兒子對同住的爺爺出言不遜

「看到你對爺爺這樣講話，我覺得好傷心。」

＊小三的兒子沒有將腳踏車停在規定的地方

「沒有把腳踏車停在規定的地方，媽媽很擔心會造成別人的困擾。」

大家看完覺得如何？孩子若明白父母的想法，就會以自己的意志改變行為。**「原來我這麼做會讓媽媽傷心」——越是感性的孩子越容易有這種想法，進而做出改變。**

然則效益十足的我訊息也有其缺點，就是「即效性」比下命令差。當父母說出「不要這麼做！」或許會立即得到效果，只是下命令也有可能引來出乎意料的反抗，更重要的是，命令是無法引導孩子依照自我意志來改變行為，有可能只會陷入不斷命

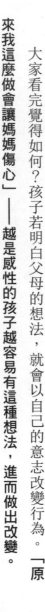

令孩子處理相同事情的境遇。

將此一重點記在心上，試著實踐看看吧！依照孩子不同的性格，不同的方法可能出現孩子感受到「唉呦，之前每天都氣呼呼命令我的日子好像在做夢一樣」，全新感受而願意改變喔。

如同我先前所言，我訊息如果能配合積極聆聽技巧使用，將能在家庭教育上發揮強大效果。有接受諮詢的家長在育兒時使用這樣的教育方法，先體諒孩子的心情，表現出感同身受並願意理解他們的態度時，再加上向孩子表達父母的心情，結果收到「孩子出現改變」的成果，令人開心。

我訊息不只能在育兒上得到效果，還適用所有社交場合，我也鼓勵大家試著將本技巧活用於朋友間交際或職場上的互動！

感到困擾的是家長或孩子？

兒童期是孩子成長過程中，一邊培養經驗一邊從許多失敗中學習成長的關鍵時期。近年來，我感到許多家庭似乎未在這個重要時期幫孩子培養經驗，也很少讓他們從失敗中摸索學習。

也許是受到這個背景因素的影響，最近學校教導孩子時，與其叫他們選擇正確答案的教育模式，變成追求孩子創造選項的方法正相對的增加。

那我們該怎麼做，才能避免剝奪孩子成長過程的重要經驗呢？

我認為**只要區隔屬於「父母的問題」或「小孩的問題」來分開思考。**

過去我曾接到過這樣的諮詢。

母親：「我家孩子老是學不會自己準備上課的東西，一直都要我早上跟他一起準備，我該怎麼辦才好？」

我：「為什麼妳要跟他一起準備呢？」

母親：「因為我家孩子都不做……」

我：「他不做的話妳會很困擾嗎？」

母親：「那倒不會，不過孩子應該會很困擾吧……」

我：「困擾的人是孩子對吧？那麼妳選一天早上出去散步，然後等孩子去上學再回家。」

母親：「好的……」

幾天過後，這位諮詢者回來告訴我：

「我照老師所說的，早上開始出門散步之後，孩子變得會自己整理書包了，雖然偶爾會聽他說忘記帶東西，不過他重複幾次忘記帶東西的不便經驗後，開始會自己核對課表了。原來是我把小孩該自己解決的問題當作是我的問題，忍不住幫他解決了呀，謝謝老師。」

這位諮詢者看見了孩子的改變，徹底明白我想表達的意思。

不管是寫功課還是整理書包都一樣。

倘若父母幫孩子解決問題，不過是暫時幫他撐過眼前的難關。孩子仍應該自己經歷「真糟糕」或「好高興」的經驗，使他們懂得主動想辦法解決問題。

如果都是父母幫孩子解決一切他該面對的問題，孩子將會因欠缺獨自解決困難的經驗，導致無法自己思考與缺乏忍耐力，在校園生活或人際關係上處處碰壁，為了避免演變成這種結果，**父母要交給孩子自己解決問題，不要插手幫他們處理**。

只要將「父母的問題」與「孩子的問題」分開思考，那麼自然能劃出必要干涉與過度干涉之間的界線。

另外，最近似乎有越來越多的家長因為追求理想中「完美小孩」的幻影，有點陷入育兒精神衰弱的情況。有些案例一味追求完美小孩的幻影，結果反而丟失好好教育孩子的本質。

嚴格一點的說，父母的苦口婆心只會徒勞無功，如果又剝奪孩子的成長經驗，那麼家長還不如什麼都別說，只要在旁邊守護孩子還比較好。

哪些是「孩子的問題」、「為什麼我會對孩子感到焦躁」，只要父母能夠理解這些，就不會出手幫孩子解決一時的問題，剝奪他們的生活經驗。

當然，父母必須考量孩子的年齡，適當地改變對應方式。比如小學一年級的孩子第一次帶暑假作業回家的時候，若家長把這個視為「孩子的問題」而完全不幫忙，那未免有點太苛刻了。

每天對家庭教育問題感到疲憊的各位父母，請務必嘗試「將父母與子女的問題分開思考」的方式去處理。

現在視為理所當然的時光有一億元的價值

當我們身體不適去住院，或是要動手術的時候，都會深深體會到平時健康的時光有多幸福，家庭教育也是如此。

看孩子朝氣蓬勃地去上學、跟朋友一起玩、認真參與運動社團——為人父母每天看成理所當然的在經歷這些事情。

不過一旦安於這些理所當然的日子，很容易忍不住對孩子湧起不滿、不悅的情緒。

「除了去上學以外，我也想送他去補習班。」

「希望他不要老是跟朋友玩，也要讀點書。」

「每天都要洗孩子踢足球時弄髒的球衣，覺得很累。」

你們是不是有這樣的感受呢？

即便你有意識地掩蓋起這些不滿的情緒，它們也不會像盛夏時積在柏油路上的水窪，默默消失不見。反而像是地底下不斷積聚的火山岩漿，在心底積蓄負面能量，一達到某些引爆點就會瞬間爆發。

我們可以從這個機制明白，為何我們有時會陷入情緒化，或惱羞成怒的拿小孩出氣。

心中懷有這些不滿、不悅的情緒時，一不小心可能會對孩子說出或表現出蠻不講理的話語及態度。

父母應該**「學會體認生活中的小確幸」**，以避免出現這種事情。

拿前面的例子來說，父母應懂得體會生活中的幸福元素。

「孩子願意每天去上學，都是多虧校方老師的關照，實在很感謝他們。」

「孩子每天都有可以一起玩的朋友，真是幸福的一件事。」

「能夠親子一起圍繞著餐桌用餐是再幸福不過了。」

「可以幫孩子洗球衣的時光或許也只有現在了。」

每當我看到孩子在客廳玩玩具，喀啦喀啦的聲音吵得令人煩躁不已的時候，我就想著：「如果未來變成富有的老人，一定會覺得就算要付一億元，也想買到這快樂的十分鐘吧。這樣的想，女兒在家吵鬧地玩玩具，把玩具散落一地的畫面實在是很寶貴。」然後便能稍微讓自己冷靜下來了。

養育子女時，若能細細體會這些小確幸，必能在親子相處過程裡有嶄新的發現。

後記

你上次對孩子生氣是什麼時候呢？

昨天晚上孩子沒有刷牙的時候？還是今天早上吃早餐吃太慢的時候？搞不好翻開本書之前，你正在對孩子說：「我都講幾次叫你先去寫功課了！我懶得再管你了！」

「終於見到你了」、「謝謝你來到世上」——孩子出生時，多數父母都是打從心底充滿喜悅與感謝，我初次見到我家第一個小孩那天是個新月的夜晚，直到現在，每當新月的夜晚來臨，我仍會回想起那天我在雨中撐著傘，從自家走到婦產科醫院的情景。

但是等到孩子會走路、會說話、變得活潑好動那一刻起，父母開始會帶著否定口氣說：「不要這樣子！」、「不可以！」，待孩子進入幼稚園，更惡化成「要我說幾次你才聽得懂」、「給我聽話一點」。

孩子升上小學後，話語更升級成「快點收拾乾淨」、「動作快一點」、「快去讀書」。大約到了小學高年級，孩子逐漸有自我主張，有時甚至會讓父母生起悶氣，然後說話口吻又變得更尖銳……

另一方面，父母看見其他家長罵孩子，會忍不住站在被罵的孩子立場，心疼地想：「也不必那麼生氣吧。」、「小孩好可憐。」

可情況一換成自己的孩子，父母就忘記要體諒孩子的心情與立場，火冒三丈，完全無法冷靜。話雖如此，即便是身為家庭教育專家的我，也常常會對孩子的言行舉止生氣，並自我反省。

為何不會向別人家孩子說的話，卻會對自己心愛的孩子說出口呢？

「希望孩子成為討喜的人」
「希望孩子會念書，成為可以自主學習的人」
「希望孩子未來能夠成為獨立自主的人」
包含我在內的大多數家長都會這麼想。

正因我們冀望孩子有幸福的未來，總是不小心說出嚴厲的話，我認為這是愛之深責之切，以及個人內心急於教育子女所導致。

如果對孩子沒有愛，根本不會湧起這些情緒，容易變得情緒性而疲於育兒的父母，大多是「深愛孩子」、「充滿使命感」的家長。

我相信會拿起這本書的所有父母都深愛著孩子，無論身處什麼時代，我希望父母都能夠把為了讓孩子學會獨立，完全按照自己的想法去教育子女的觀念，更新成符合時代潮流的新育兒觀念，將只有現在能享受的育兒時光刻劃在心裡，打造一個親子雙方都能充滿笑容的家庭。

所以父母不要認定孩子的失敗是負面結果，懂得「擁抱失敗」才是身為父母親最重要的思考模式。其實只要能改變育兒觀念，孩子身上就不存在所謂的失敗，畢竟只要能堅持到成功為止，那就算不上是失敗的過程，只要孩子能從中學習到寶貴的經驗，便不能稱之為失敗。唯有一個狀況能稱作育兒失敗，那就是「沒有幫助孩子學會獨立自主」。

父母替孩子取名時都會寄託期許，當你對育兒感到精疲力盡、喪失自信的時候，請回想起你為人生第一份禮物——你的孩子所取的名字。

我有兩個女兒，為她們取名時，我對長女的期許是「希望她有堅強的意志，能夠體貼他人，成為能為世界、為他人有所付出的人」，而我對次女的期許則是「無論面臨何種狀況都能積極面對，當周圍的人陷入消沉低潮時，可以為他人帶來溫柔光芒」。

對我而言，孩子的名字不只是父母給他們的禮物，同時更是為人父母的誓言。

換句話說，為了成為我理想中孩子的父母親，我開始去思考自己該做的事。

我現在的應對真的能引導孩子走向當時期許的未來嗎？雖然每天都煩惱不已，可是只能等她們長大成人，看看會給我打幾分吧。我期待著那天的來臨，用心專注於現在對她們的教導。

最後我要感謝佐藤義行先生以及PHP研究所的各位，從我在通勤電車裡靈光一現，順手寫下的企劃書開始，陪伴我一路執筆到完成本書。還要感謝讓我明白為人子女心的雙親，以及為人父母心的兩名女兒。在最後停筆之前，雖然有點不好意思，不過我想以最真誠的心意向我的妻子說：「一直以來都很感謝妳。」

日本的平成時代結束了，而嶄新的時代，我希望能以許多親子的笑容來揭開序幕。

二〇一九年二月

水野達朗

高寶書版集團
gobooks.com.tw

FU 099

讓孩子盡情失敗吧！懂得放手，才能讓孩子獨立又堅強

子どもには、どんどん失敗させなさい

作　　者　水野達朗
繪　　者　星養步見
譯　　者　黃薇嬪、鍾雅茜
特約編輯　梁曼嫻
助理編輯　陳柔含、林子鈺
封面設計　林政嘉
內頁排版　賴姵均
企　　劃　鍾惠鈞

發 行 人　朱凱蕾
出　　版　英屬維京群島商高寶國際有限公司台灣分公司
　　　　　Global Group Holdings, Ltd.
地　　址　台北市內湖區洲子街88號3樓
網　　址　gobooks.com.tw
電　　話　(02) 27992788
電　　郵　readers@gobooks.com.tw（讀者服務部）
　　　　　pr@gobooks.com.tw（公關諮詢部）
傳　　真　出版部(02) 27990909　行銷部 (02) 27993088
郵政劃撥　19394552
戶　　名　英屬維京群島商高寶國際有限公司台灣分公司
發　　行　英屬維京群島商高寶國際有限公司台灣分公司
初　　版　2021年02月

國家圖書館出版品預行編目(CIP)資料

讓孩子盡情失敗吧！懂得放手，才能讓孩子獨立又堅強 / 水野達朗著；黃薇嬪, 鍾雅茜譯. -- 初版. -- 臺北市：高寶國際出版：高寶國際發行, 2021.02
面；　公分. --（未來趨勢學習；FU 099）

ISBN 978-986-361-977-2 (平裝)

1.育兒　2.親職教育

428.8　　　109020797